Thiago Beirigo Lopes

Números Complexos
Uma metodologia baseada na história para obtenção de conceito

2ª Edição

Porto Alegre/RS
2022

CIP-BRASIL. CATALOGAÇÃO NA PUBLICAÇÃO
SINDICATO NACIONAL DOS EDITORES DE LIVROS, RJ

L856n

Lopes, Thiago Beirigo
Números complexos : uma metodologia baseada na história para obtenção de conceito / Thiago Beirigo Lopes. - [2. ed.]. - Porto Alegre [RS] : Buqui, 2022.
168 p.

ISBN 978-85-8338-609-4

1. Matemática. 2. Números complexos. I. Título.

22-77361 CDD: 515.9
CDU: 517.97

Meri Gleice Rodrigues de Souza - Bibliotecária - CRB-7/6439

20/04/2022 26/04/2022

Notas do autor

Os números complexos fizeram parte da minha vida acadêmica desde a graduação na Universidade Estadual do Pará (UEPA)em 2004.

Em 2016, a dissertação de mestrado cursado na Universidade Federal do Tocantins (UFT) se tornou um livro e, agora em 2022, é publicada a segunda edição desse livro.

Nessa segunda edição são realizadas correções que leitores enviaram. Ora por desatenção, ora por erro de digitação, esses erros foram corrigidos e é esperado que os leitores possam ter uma excelente experiência.

Boa leitura!

SUMÁRIO

Não há nenhum ramo da Matemática, por mais abstrato que seja, que não possa um dia ser aplicado a fenómenos do mundo real.
(Nicolai Lobachevsky)

A mente que se abre a uma nova ideia, jamais volta ao seu tamanho original.
(Albert Einstein)

Introdução

São dois os objetivos deste livro, portanto, é composto por duas partes, a saber. Na primeira, é apresentado como, de fato, foi o surgimento dos números complexos. A segunda visa a motivação do uso dos números complexos, não como se fossem apenas símbolos matemáticos, mas que com os quais se chega a respostas reais de problemas concretos. É apresentado como exemplo a dificuldade encontrada quando da resolução de equações do 3º grau, pelo método de Cardano-Tartaglia. Na tentativa de solucionar uma dessas equações, depara-se com a raiz quadrada de um número negativo, mas, por uma análise prévia, descobre-se que a equação tem solução, desde que se suponha a existência da raiz quadrada de um número negativo, e este é o motivo para que continuem com essa resolução. As aplicações na geometria analítica também é um excelente recurso, como no, já clássico, 'problema do tesouro'.

Inicia-se com um breve histórico sobre a evolução dos números complexos na civilização, fazendo destaques aos constantes afrontamentos dos matemáticos da época com novas e surpreendentes situações numéricas. Alcançando as raízes quadradas de números negativos e mostrando alguns cálculos e situações, feitos pelo autor ou com sua respectiva referência, para ampliar e melhorar a compreensão do leitor.

Perpassa sobre as equações cúbicas e a, então inegável, legitimidade dos números complexos, mostrando muitos dos empecilhos transpassados para reconhecimento de tal legitimidade. Continuando com a interpretação geométrica idealizada, semelhantemente, por Caspar Wessel (1745-1818), Jean-Robert Argand (1786-1822) e K. F. Gauss (1777- 1855). Culminando com a dedicação de Sir William R. Hamilton (1805-1865) para a também busca da legitimidade dos quatérnions. Busca que não finalizou como ele esperava, pois não conseguiu estruturar os quatérnions como define a álgebra dos números. A fim de mostrar ao leitor uma noção do meio em que se desenrolou os desafios de Cardano, Tartaglia e Ferrari, há de destacar dois trechos citados por Lima (2012) retirados do livro *Histoire des Sciences Mahématiques en Italie*, de G. Libri, Paris, 1840 (pags. 6 e 152 do vol. III):

Como dito anteriormente, é o caráter, é a energia que faz os grandes homens, e o talento nunca faltou aos povos que sentem e que desejam com tanto ardor. Entretanto, uma reunião de homens como Leonardo da Vinci, Machiavel, Colombo, Raphael, Michelângelo, Ariosto, que congregavam plêiades de discípulos ilustres e de rivais, é um fato que nenhuma pesquisa histórica parece poder explicar. (LIMA, 2012, p. 12)

Os *quesiti* são uma coleção, em nove livros, de respostas dadas por Tartaglia a questões que lhe eram endereçadas por príncipes, monges, doutores, embaixadores, professores, arquitetos, etc. Frequentemente, essas questões continham problemas do terceiro grau propostos no começo do século XVI, compreende-se a importância que se atribuía naquela época às descobertas algébricas. Seria difícil achar na história das ciências exemplo de fato semelhante. As apostas, as disputas públicas, os panfletos se sucediam sem interrupção: todas as classes da sociedade se interessavam por essas lutas científicas, do mesmo modo como na antiguidade se interessavam pelos desafios dos poetas e pelos jogos dos atletas. Parecia que se pressentia a descoberta, e a descoberta não se fez esperar. (LIMA, 2012, p. 12)

É buscado, como citado anteriormente, retratar a sequência histórica sobre os números complexos, passando pela sua álgebra e finalizando com aplicações concretas na geometria, álgebra e somatórios.

No Capítulo 1 é mostrado a evolução dos números no decorrer dos tempos e como se deu sua evolução nas diversas civilizações. Mostrando que os números complexos não foram o único tipo de número a ter que superar barreiras para ter sua aceitação como 'números de verdade'. Houveram empecilhos para se aceitar os números negativos, os números racionais periódicos e, por último, os números irracionais. É mostrado que historicamente os números complexos (apesar do indigno nome) tiveram desconfiança da comunidade científica tanto quanto qualquer outro tipo de número. Tendo nas equações cúbicas o alicerce necessário para alcançar o passaporte para o nível de números de verdade perante os matemáticos da época. Sobre a evolução da utilidade dos números complexos, principalmente na geometria plana, explana-se a descoberta do Plano de Argand-Gauss que coloca o número complexo como um ente dotado de módulo, direção e sentido. Mostrando também a longa relação do irlandês Sir William R. Hamilton (1805-1865) com a ineficaz tentativa de estender os números complexos para a geometria espacial, porém descobrira os quatérnions que o faria abrir mão da comutatividade.

No Capítulo 2 é abordada a imersão dos conjuntos $\mathbb{R}$ dos números reais no conjunto $\mathbb{C}$ dos números complexos, mostrando que cada número real possui seu único correspondente no conjunto dos números complexos. São mostrados os conceitos e definições de grupo, anel e corpo com suas respectivas propriedades, e como como os números complexos possuem cada uma das propriedades estabelecidas. Por fim, é mostrado que considerando o conceito de negativos, neutro e positivos não há maneira de se ordenar o conjunto $\mathbb{C}$ que seja interessante.

No Capítulo 3 é realizada uma análise algébrica e qualitativa sobre o discriminante Δ. Inicia-se fazendo a demonstração para obtenção da fórmula para resolução de equações cúbicas (conhecida como Fórmula de Cardano-Tartaglia), tanto para as equações ditas completas $(ax^3 + bx^2 + cx + d = 0)$ quanto para as equações incompletas com $b = 0$ $(ax^3 + cx + d = 0)$. Em seguida uma breve dissertação sobre o Teorema Fundamental da Álgebra (TFA) para decorrer na consequência de que uma equação de grau n tem n raízes complexas não necessariamente distintas. Na parte referente à análise algébrica é feito um estudo sobre os sinais do discriminante Δ e uma fórmula reduzida para cada um dos casos citados. No entanto, dando uma atenção especial ao caso onde $\Delta < 0$ que indicará que a equação possui 3 raízes reais distintas, o que pontualmente implica na utilização de complexos na forma $a + bi$. Na parte referente à análise qualitativa são feitas análises gráficas de casos pontuais para que o leitor possa visualizar os modelos gráficos e fazer uma relação, mesmo que empírica, entre o máximo e mínimo da função e seu tipo de raízes.

No Capítulo 4 são apresentadas algumas aplicações dos números complexos. Inicialmente é abordada a aplicação que deu autenticidade aos Números Complexos, a aplicação em equações cúbicas que algumas vezes se necessitam recorrer ao uso dos Números Complexos como ferramenta para sua resolução. Em seguida é mostrada a aplicação nos somatórios através da expansão binomial, utilizando-se a propriedade referente às potências de i onde se dá em ciclos. É apresentado um contexto onde a fórmula para calcular raízes de complexos gera figuras regulares planas conforme a quantidade de raízes calculadas com circuncentro na origem do plano. São mostrados lugares geométricos formados utilizando-se distâncias entre Números Complexos, mais especificamente formando retas, círculos e cônicas. Ainda, é mostrado a utilidade dos Números Complexos como ferramenta para a rotação de vetores no plano, em que é usada a rotação vetorial para encontrar vértices de uma figura dados os vértices iniciais. Por fim, esse capítulo com a aplicação em um problema concretamente dentro da realidade. Um problema que consiste na estória que um pirata escondeu um tesouro utilizando uma palmeira e dois carvalhos como pontos de referência, porém acontece que ao voltar para o lugar onde descreve o mapa foram encontrados os carvalhos e percebeu-se que a palmeira havia desaparecido. Há a possibilidade de encontrar o tesouro mesmo sem o ponto referencial da palmeira?

Portanto, é desejada uma boa leitura e que se sinta envolvido por essa proposta cronológica de se estudar sobre Números Complexos. Boa leitura.

1 História dos Números Complexos

Na matemática tudo tem uma base firme, não sendo um conteúdo simplesmente estudado por que alguém 'inventou' algo, que nos casos dos complexos são os números $a + bi$, e definiu suas operações de uma forma avulsa, sem nenhum sentido. A finalidade desse capítulo é estudar a história dos números complexos para se ter uma noção de como realmente foi sua origem, como e por quais motivos se deu sua evolução, fazendo assim uma base sólida que ajudará na aquisição de um conceito concreto de suas operações e aplicações.

1.1 A Evolução Numérica na Civilização

Os tempos mais remotos da humanidade revelam que os antepassados, desde os mais primitivos, já possuíam uma noção de número e que, dessa forma, eram capazes de diferenciar as variações para mais e para menos (COURANTE e ROBIN, 2012). Mas a percepção mais pontual de quantidade somente se deu com o passar de milhares de anos, existem ainda resquícios que indicam que as palavras utilizadas para nomear os números podem ter sofrido influência dos objetos daquele período. Para numerar grupos também eram utilizadas palavras desse tipo. Com o aumento da quantidade existente em cada grupo, passou a ser necessário uma organização no processo de contagem, existindo registros de tempos primitivos onde o homem dessa época utilizava um sistema de numeração com base 5.

Após essas épocas de pensamento estritamente rudimentar, o homem evoluiu e suas novas capacidades de raciocínio lhes permitem conceber a ideia de divisão, juntamente com as demais operações matemáticas. A partir desse primeiro conceito de divisão encontram-se casos de frações, onde os homens daquela época demonstraram uma excelente habilidade computacional ao se depararem com divisões não exatas, mantendo a estrutura da divisão, no entanto, sem efetuá-la. Cada povo, de acordo com sua cultura, representou a fração de forma bem particular (EVES, 2004).

Nesse processo da evolução da matemática, se depara com os números negativos e estes também demoraram um tempo significativo para serem notados. Sabe-se apenas que foi na China que surgiram os números negativos (BOYER, 2012), estimam-se aproximadamente dois milênios. Encontram-se ainda regras de sinais para a adição e subtração em uma obra da matemática chinesa, só não há registro do uso dessas regras para multiplicação e divisão até o século XIII. Após os chineses, foi a vez dos povos hindus utilizarem os negativos. Depois dos hindus foram os árabes, mas os números negativos demoraram a ser aceitos, bem como no restante dos povos, isso por haver uma grande rejeição por parte dos matemáticos até meados do século XII.

Outro evento que necessitou de tempo para ter seu aceite, foi o caso dos irracionais, esses causaram um grande mistério em torno da matemática pelo fato de contarem com uma expansão decimal infinita e não periódica, e os processos infinitos demoraram a ser desenvolvidos na matemática. Somente na metade do século XIX que o caso dos números irracionais foi solucionado em termos aritméticos. Desde então ficou claro que a matemática não poderia mais prescindir dos processos infinitos, incorporando, dessa forma, os números irracionais na matemática.

Surge então uma nova questão no cenário da matemática, raízes quadradas de números negativos, como se assimilar algo tão abstrato se, na época, nem os números negativos tinham o que pode ser chamado de 'cidadania plena'.

1.2 A Difícil Anuência da Existência da Raiz Quadrada de Números Negativos

O primeiro vestígio conhecido de uma raiz quadrada de número negativo na história da matemática localiza-se na obra *Stereometria*, do grego Herão de Alexandria (aprox. 50 a.C-50 d.C) (IEZZI, 2013), um aristocrático geômetra, tendo-se ocupado das aplicações práticas da Matemática, úteis à arte da Engenharia e Agrimensura, deixando uma obra importante pelo enorme número de verdades apresentadas e pelos muitos problemas que traz. Ao que parece, Herão não escreveu especificamente sobre aritmética, mas os seus escritos são muito relevantes para se apreciar o modo como os gregos regiam-se nas operações de cálculo cotidiano. Pelo que se refere à extração da raiz quadrada, que se julga constituir, para os antigos, um cálculo dos mais difíceis e dos menos práticos, muito embora a metodologia de extração de raízes fosse aos gregos um objeto de ensino costumeiro. Em um de seus escritos, ao determinar a altura de um tronco de uma pirâmide de base quadrada em que o lado da base maior mede 28, da menor mede 4 e a aresta lateral mede 15, conforme Figura 1, o autor encontra acertadamente ao resultado $\sqrt{-63}$, possivelmente da seguinte forma:

Pelo teorema de Pitágoras, a diagonal d da base de menor área é de

$$d^2 = 4^2 + 4^2$$

ou seja,

$$d = \sqrt{32} = 4\sqrt{2}$$

Analogamente, a diagonal D da base de maior área é de

$$D = \sqrt{1586} = 28\sqrt{2}$$

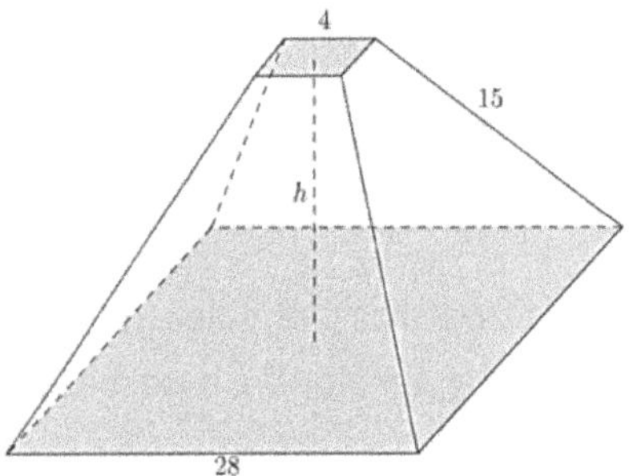

Figura 1 - Tronco de pirâmide idealizado por Herão

Ao projetar a base menor sobre a base maior, conforme Figura 2, pode ser observado que,

$$D = x + d + x,$$

em que D e d são as diagonais anteriormente calculadas. Assim, para se calcular a menor distância x entre a extremidade da diagonal da base maior e a projeção ortogonal da extremidade da base menor observa-se que

$$D = x + 4\sqrt{2} + x = 28\sqrt{2}$$

ou seja,

$$x = 12\sqrt{2}.$$

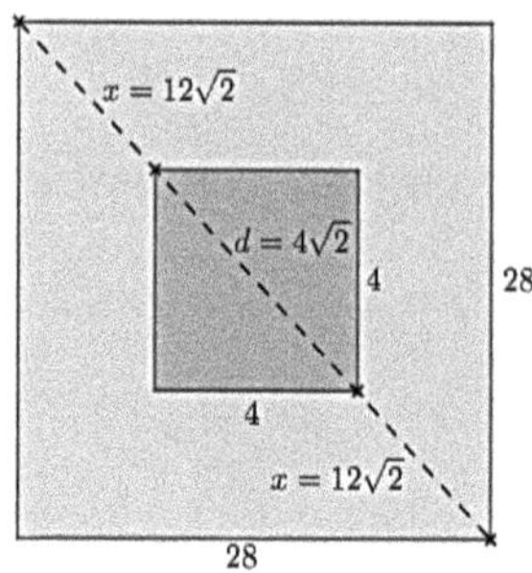

Figura 2 - Tronco da pirâmide em uma visão superior

Agora olhando tronco da pirâmide lateralmente, de modo que se tenha um trapézio de base maior D e base menor d, de acordo com a Figura 3, tem-se

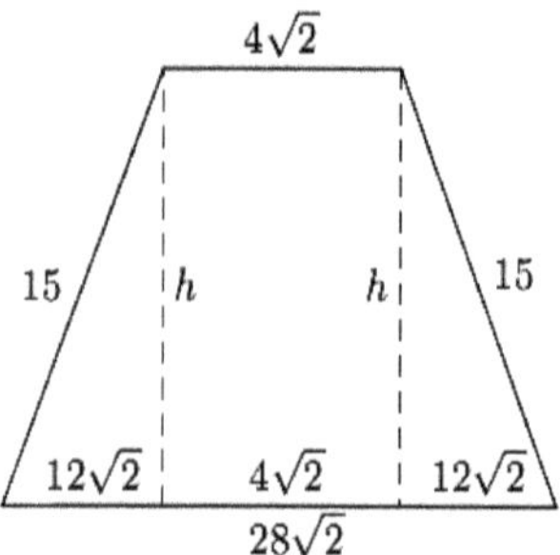

Figura 3 - Tronco da pirâmide em uma visão lateral em relação à diagonal das bases

Com o auxílio do Teorema de Pitágoras, a altura h dada por

$$15^2 = h^2 + \left(12\sqrt{2}\right)^2$$

$$225 = h^2 + 288$$

$$h^2 = 225 - 288$$

$$h^2 = -63$$

$$h = \sqrt{-63}$$

O que significa que o problema não tinha solução para a época, mas, desastradamente, ele converteu essa raiz em $\sqrt{63}$. Aproximadamente dois séculos depois, o também grego Diofanto de Alexandria (aprox. 200 a 284 d.C), conhecido popularmente como o 'Pai da Álgebra' por fazer a primeira utilização sistemática de símbolos algébricos e cuja vida é uma incógnita, incluiu na sua obra *Arithmetica*, que é uma coleção de 130 problemas dando soluções numéricas a equações determinadas e indeterminadas, o seguinte problema: achar os lados de um triângulo retângulo de área 7 e perímetro 12. Dentro de seu estilo de resolução, Diofanto indicou os catetos por expressões análogas a, na simbologia atual, $\frac{1}{x}$ e $14x$. Chegando, então, à equação $-336x^2 + 172x = 24$, que concluiu não ter raízes (BOYER, 2012). Possivelmente, o cálculo de Diofanto se deu da seguinte maneira:

1. Considerando os catetos do triângulo retângulo com medidas $b = \frac{1}{x}$ e $c = 14x$, como Diofanto o fez, o cálculo da área é dado por

$$A_{Triângulo} = \frac{b.c}{2} = \frac{\frac{1}{x}.14x}{2} = \frac{14}{2} = 7$$

e satisfaz a condição imposta ao problema.

2. Com as mesmas medidas dos catetos, calcula-se o valor da hipotenusa a, pelo Teorema de Pitágoras, e obtém-se

$$a^2 = \left(\frac{1}{x}\right)^2 + (14x)^2 = \frac{1}{x^2} + 196x^2 = \frac{1 + 196x^4}{x^2}$$

logo

$$a = \sqrt{\frac{1 + 196x^4}{x^2}}$$

3. Ao impor a segunda condição, do perímetro de tal triângulo retângulo ser igual a 12, obtém-se, pela relação $2P = a + b + c$,

$$12 = \frac{\sqrt{1 + 196x^4}}{x} + \frac{1}{x} + 14x$$

Os cálculos que se seguem são apenas manipulações algébricas a fim de auxiliar o leitor. Assim,

$$12 = \frac{\sqrt{1 + 196x^4} + 1 + 14x^2}{x}$$

$$12x = \sqrt{1 + 196x^4} + 1 + 14x^2$$

$$12x - 1 - 14x^2 = \sqrt{1 + 196x^4}$$

$$(12x - 1 - 14x^2)^2 = 1 + 196x^4$$

Com a realização de alguns cálculos algébricos, tem-se:

$$-336x^3 + 172x^2 - 24x = 0$$

Por fim, dividindo-se ambos os membros por x, chega-se finalmente à equação:

$$-336x^2 + 172x = 24$$

Em meados do século IX, o matemático hindu Mahavira universalizou a conclusão de Diofanto: 'Tal como na natureza das coisas, uma quantidade negativa não é um quadrado e, portanto, não tem raiz quadrada'. Muitos longos séculos se passariam até que essa afirmativa fosse repensada.

1.3 O AUGE DAS CÚBICAS E A LEGITIMIDADE DOS COMPLEXOS

Seria impraticável falar da gênese dos números complexos e não comentar das cúbicas, que são as equações cujo grau é 3. Em meados do século XVI, inicia-se o descobrimento da solução das equações cúbicas, então surgiram questionamentos que envolviam raízes quadradas de números negativos e já não podiam mais ser evitados alegando um simples 'não existe solução'. Então entrava em cena G. Cardano (1501-1576), natural da cidade de Pávia, na Itália, homem de muitos interesses, publicou em 1545 o trabalho matemático pelo qual ele é mais conhecido atualmente, *Ars Magna* (A Grande Arte). Obra que tem como enfoque as várias formas de equações de terceiro grau e suas respectivas soluções e onde se adianta à descoberta dos números complexos, sendo o matemático pioneiro em divulgar essa solução, também foi o primeiro a operar com esses números, nessa mesma obra, embora num único problema apenas. O problema tratava de que se alguém buscar dividir o número 10 em duas partes, de modo que seu produto seja 40. Tarefa impossível na época. Em algumas publicações é assegurado que Cardano encontrou as raízes por meio da multiplicação, mas Cardano diz que o problema pode ser assim resolvido (BOYER, 2012):

$$\begin{cases} x + y = 10 & (1) \\ xy = 40 & (2) \end{cases}$$

Eleva-se a equação (1) ao quadrado e multiplica a equação (2) por 4, e então,

$$\begin{cases} x^2 + 2xy + y^2 = 100 & (3) \\ 4xy = 160 & (4) \end{cases}$$

Subtraindo a equação (4) da equação (3), tem-se

$$x^2 - 2xy + y^2 = -60 \quad (5)$$

Como $x^2 - 2xy + y^2 = (x - y)^2$, pelo critério de fatoração do trinômio do quadrado perfeito, tem-se, da equação (5),

$$(x - y)^2 = -60$$

ou seja,

$$x - y = \pm 2\sqrt{-15} \quad (6)$$

Considera-se então o novo sistema composto pelas equações (1) e (6).

$$\begin{cases} x + y = 10 & (7) \\ x - y = \pm 2\sqrt{-15} & (8) \end{cases}$$

Somando as equações (7) e (8), tem-se $2x = 10 \pm 2\sqrt{-15}.$ Que dividindo ambos os membros por 2,

$$x = \frac{10 \pm 2\sqrt{-15}}{2}$$

Consequentemente,

$$x = 5 - \sqrt{-15} \text{ ou } y = 5 + \sqrt{-15}$$

ou

$$x = 5 + \sqrt{-15} \text{ ou } y = 5 - \sqrt{-15}$$

Então, tendo obtido as raízes $5 + \sqrt{-15}$ e $5 - \sqrt{-15}$, como solução de $x.(x - 10) = 40$, que é uma equação do segundo grau, afirmou: Pondo de lado as torturas mentais envolvidas, multiplique $5 + \sqrt{-15}$ por $5 - \sqrt{-15}$, o resultado é $25 - (-15) = 40$, que é o produto pretendido. Meio constrangido por não ter como decifrá-la e ao mesmo tempo obrigado a acatar essa solução, comentou que a matemática é tão sutil quanto inútil.

Mas uma nova e interessante questão, envolvendo raízes negativas, escapou ao sagaz Cardano. Por exemplo, na resolução da equação $x^3 - 15x - 4 = 0$, que é fácil verificar que tem como raiz o número 4, a fórmula de Cardano-Tartaglia[1] (9) nos fornece a seguinte solução.

Conforme a Fórmula de Cardano-Tartaglia para equações da forma $x^3 + px + q = 0$, que é dada por

$$x = \sqrt[3]{-\frac{q}{2} + \sqrt{\left(\frac{q}{2}\right)^2 + \left(\frac{p}{3}\right)^3}} + \sqrt[3]{-\frac{q}{2} - \sqrt{\left(\frac{q}{2}\right)^2 + \left(\frac{p}{3}\right)^3}} \qquad (9)$$

A fórmula (9) para a equação $x^3 - 15x - 4 = 0$ é,

$$x = \sqrt[3]{-\frac{-4}{2} + \sqrt{\left(\frac{-4}{2}\right)^2 + \left(\frac{-15}{3}\right)^3}} + \sqrt[3]{-\frac{-4}{2} - \sqrt{\left(\frac{-4}{2}\right)^2 + \left(\frac{-15}{3}\right)^3}}$$

que, após algumas simplificações dos números racionais tem a forma

$$x = \sqrt[3]{2 + \sqrt{(-2)^2 + (-5)^3}} + \sqrt[3]{2 - \sqrt{(-2)^2 + (-5)^3}}$$

e após resolver as potências

$$x = \sqrt[3]{2 + \sqrt{-121}} + \sqrt[3]{2 - \sqrt{-121}}.$$

[1] A demonstração de tal fórmula não se faz necessária nesse momento, mas poderá ser observada adiante, no capítulo 2.

Portanto, pode-se observar que de alguma maneira essa expressão é igual a 4. Quem desenrolou esse segredo foi o algebrista bolonhês Rafael Bombelli (1530-1579), que depois de inúmeras atividades pormenores, passou a trabalhar para um nobre romano, Alessandro Rufini. Período onde se interessou pela matemática e envolveu-se na tendência da época que era a resolução das cúbicas e quádricas que submergia todos os maiores nomes da matemática da época, culminando com o encontro entre Ferrari e Tartaglia, em Milão.

Sua principal publicação sobre álgebra foi a obra *Algebra*, composta de cinco volumes, com os livros IV e o V ainda inacabados, sendo só publicados no ano posterior ao da sua morte. Nessa obra, Bombelli cita uma solução para o problema proposto por Cardano, porém, para isso, teve de recorrer às raízes de números negativos. Sua ideia consistiu em supor, brilhantemente, as parcelas da solução dada pela fórmula com números complexos conjugados, que em nossa notação equivale a $a + b\sqrt{-1}$ e $a - b\sqrt{-1}$. No caso, Bombelli demonstrou de forma dedutiva que (LIMA, MORGADO, *et al.*, 2004, p. 184):

$$\left(2+\sqrt{-1}\right)^3 = 2^3 + 3.2^2.\sqrt{-1} + 3.2.\left(\sqrt{-1}\right)^2 + \left(\sqrt{-1}\right)^3$$

$$\left(2+\sqrt{-1}\right)^3 = 8 + 3.4.\sqrt{-1} + 3.2(-1) - \sqrt{-1}$$

$$\left(2+\sqrt{-1}\right)^3 = 8 + 12.\sqrt{-1} - 6 - \sqrt{-1}$$

$$\left(2+\sqrt{-1}\right)^3 = 2 + 11.\sqrt{-1}$$

$$\left(2+\sqrt{-1}\right)^3 = 2 + \sqrt{-121}$$

Logo $\sqrt[3]{2+\sqrt{-121}} = 2+\sqrt{-1}$ e, analogamente, $\sqrt[3]{2-\sqrt{-121}} = 2-\sqrt{-1}$, então obteve $a = 2$ e $b = 1$, portanto uma raiz é $2+\sqrt{-1}+2-\sqrt{-1} = 44$, como se era esperado. As outras duas raízes podem ser encontradas através do critério de fatoração da equação, ou seja,

$$x^3 - 15x - 4 = (x-4).(x^2+4x+1) = 0$$

e então tem-se

$$\begin{cases} x - 4 = 0 & (10) \\ x^2 + 4x + 1 = 0 & (11) \end{cases}$$

Isolando x na equação (10) tem-se raiz $x' = 4$, como esperado, e calculando x na equação (11) obtém-se que $x'' = -2+\sqrt{3}$ e $x'' = -2+\sqrt{3}$ (confira), fazendo assim total de três raízes complexas como nos afirma uma consequência do Teorema Fundamental da Álgebra.

1.4 Uma Nova Visão Sobre os Complexos e sua Aplicação na Álgebra de Vetores

Apesar de todas as considerações já obtidas, os números complexos prosseguiram ainda tendo certo ar enigmático até o fim do século XVIII. Foi quando Caspar Wessel (1745-1818), Jean-Robert Argand (1786-1822) e K. F. Gauss (1777-1855) descobriram, independentemente um em relação ao outro, que esses números admitem uma representação na geometria. Mas enquanto Gauss concebia essa representação por meio dos pontos de um plano, Wessel e Argand empregavam segmentos de reta orientados, ou seja, vetores, coplanares (LIMA, MORGADO, *et al.*, 2004). Na realidade,

Wessel e Argand escreveram trabalhos unicamente a respeito dessa representação vetorial, com Wessel sendo o pioneiro na publicação, em 1799. Já Gauss, apenas deixou bem claro conhecer as ideias implícitas ao assunto, inclusive utilizando-as.

Esses três ilustres matemáticos se deram conta que, além de representar pontos ou vetores, os números complexos podem ser utilizados para operar algebricamente, formalizando-se assim a álgebra dos vetores de um plano.

Hoje em dia, um plano cartesiano utilizado para representar os complexos é designado plano de Argand-Gauss (Figura 4), apesar das ideias de Argand contribuírem mais para esse assunto. Argand, laborando com a ideia de rotação, considerava um número complexo $a + bi$ como combinação geométrica $\overrightarrow{OB}$ de a e bi, e provia também a representação geométrica trigonométrica, ou seja, $z = r.(cos\, \theta + i.sen\, \theta)$.

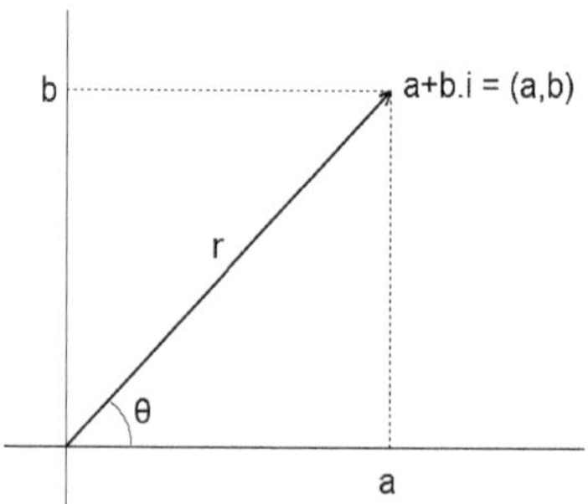

Figura 4 - Interpretação geométrica dos números complexos segundo C. Wessel

Mas ainda havia uma questão formal a ser esclarecida: o fato de a expressão algébrica $a + bi$ de um número complexo envolver a soma das duas quantidades a e bi, de espécies completamente distintas. O irlandês Sir William R. Hamilton (1805-1865), elucidaria o assunto. Órfão ainda menino de pai e mãe, Hamilton foi criado por um tio que era linguista. Quiçá por isso sua rara precocidade intelectual tenha sido concentrada muito cedo para o aprendizado de línguas. Aos cinco anos de idade sabia grego, latim e hebraico; aos oito, francês e italiano; aos dez, árabe e sânscrito; e aos doze, persa. Algum tempo depois, porém, assistindo a uma apresentação de um calculista relâmpago, suas preferências intelectuais penderam para o lado da matemática. E logo começou a ler os grandes clássicos da matemática como a Mecânica celeste, do francês Pierre-Simon de Laplace (1749-1827), na qual, aos dezoito anos de idade, encontrou um erro. Em 1824, entrou no *Trinity College* de Dublin, do qual se tornaria docente de astronomia em 1827, antes mesmo de se tornar graduado, passando a ser, inclusive, astrônomo real da Irlanda (IEZZI, 2013).

Foi em um diálogo à Academia Irlandesa, em 1833, que Hamilton tornou pública seu modo de ver os números complexos. Por essa maneira, a estrutura dos números complexos era analisada como entes em forma de pares ordenados (a, b) de números reais e as operações de adição e multiplicação assim definidas:

$$(a, b) + (c, d) = (a + c, b + d)$$

$$(a, b) \times (c, d) = (ac - bd, ab + bc)$$

Dessa definição transcorrem, espontaneamente, as propriedades algébricas aguardadas para as operações, como, por exemplo, que todo par ordenado $(a, b) \neq (0,0)$ possui inverso multiplicativo.

Nessa sequência de ideias, o par $(a, 0)$ identifica-se como número real a. Desse modo, se fizer $(0,1) = i$ e considerando que $(b, 0).(0,1) = (0, b)$, então $(a, b) = (a, 0) + (0, b) = (a, 0) + (0, b)(0,1)$, ou seja, $(a, b) = a + bi$, e, consequentemente, nesse contexto, os pares ordenados têm a forma esperada. Por outro lado, como $i^2 = (0,1) \times (0,1) = (-1,0) = -1$, então $i = (0,1)$ efetivamente satisfaz o papel de unidade imaginária. Enfim, Hamilton conseguira transcrever os números complexos a limpo, com toda a elegância que a álgebra pode proporcionar.

Mas o que Hamilton aspirava quando adquiriu esses resultados era algo bem mais pretensioso: buscar uma álgebra que fosse para os vetores do espaço em três dimensões o mesmo que a álgebra dos complexos é para os vetores de um plano. Assim como um número complexo tem a forma $(a,b) = a + bi$, a expressão desses novos entes deveria ser $(a,b,c) = a + bi + cj$. Durante mais de uma década Hamilton buscou inutilmente a regra para multiplicar esses ternos, já que a adição não oferecia dificuldades. No ano de 1843, ocorreu-lhe que seria preciso procurar quádruplos em vez de ternos e abdicar da comutatividade da multiplicação, vinham ao mundo assim os quatérnions $(a,b,c,d) = a + bi + cj + dk$, em que $i^2 = j^2 = k^2 = -1$, $ij = k = -ji$, $jk = i = -kj$ e $ki = j = -ik$ (IEZZI, 2013).

Hamilton acreditava na aplicabilidade dos quatérnions. Por esse motivo concentrou daí em diante a maioria do seu tempo para desenvolver a álgebra que desvendara. Se os resultados ficaram aquém das expectativas almejadas, pelo menos libertara a comutatividade na álgebra, perpetuando um grande avanço na matemática.

1.5 Como Euler Resolveu Uma Discussão Sobre Logaritmos

Leonhard Euler nasceu na Basiléia, Suíça. Seu pai, Paul Euler, estudou Teologia na Universidade de Basiléia onde aprendeu Matemática com Jean Bernoulli (1667-1748). Euler legou à posteridade um número assombroso de trabalhos sobre as mais diversas áreas, da Engenharia à Mecânica, da Óptica à Astronomia, da Música à Matemática. Produziu tanto durante a sua vida que depois da sua morte, os seus artigos continuaram a ser publicadas. Como tal, são indicadas somente algumas das contribuições de Leonhard Euler para a ciência.

Uma das suas maiores contribuições foi ao nível das notações. Apesar da base e ser já conhecida desde a descoberta dos logaritmos, não havia sido padronizada uma notação. E é numa carta dirigida a Gladbach (1690-1764), em 1731, que Euler mencionou o e como um número específico cujo logaritmo hiperbólico é igual a 1 (BOYER, 2012).

A Euler também se atribui a utilização definitiva da letra grega π como notação para a razão da circunferência pelo diâmetro do círculo, não sendo o primeiro matemático a utilizá-la, porém foi o primeiro a reconhecer a sua importância e utilidade. Mas, só ficou conhecida em 1794 quando publicada numa obra posterior à sua morte.

Após a adoção, por parte de Gauss, do símbolo i (como $\sqrt{-1}$) no seu livro *Disquisitiones Arithmeticae* em 1801, é que se assegurou a sua utilização nas notações Matemáticas.

A contribuição de Euler para a teoria dos logaritmos não se restringiu à definição de expoentes, como é usada hoje. Trabalhou, também, no conceito de logaritmo de números negativos.

No século XVIII havia uma grande questão a ser resolvida: 'Como seria tratado o logaritmo de quantidades negativas?'. Nesse impasse, se destacaram as ideias dos grandes matemáticos Jean Bernoulli (1667-1748) e de Leibniz (1646-1717). Essa discussão teve início quando Bernoulli resolveu uma integral $\int \frac{1}{x^2+a^2} dx$ utilizando os números complexos da seguinte forma:

$$\int \frac{1}{x^2 + a^2} dx = \int \frac{1}{(x + a.i).(x - a.i)} dx$$

$$= \int \frac{-4a^2}{2ai(x + a.i).2ai(x - a.i)} dx$$

$$= \int \frac{-4a^2}{(2aix - 2a^2).(2aix + 2a^2)} dx$$

$$= \int \frac{-2aix - 2a^2 + 2aix - 2a^2}{(2aix - 2a^2).(2aix + 2a^2)} dx$$

$$= \int \frac{-(2aix + 2a^2) + (2aix - 2a^2)}{(2aix - 2a^2).(2aix + 2a^2)} dx$$

$$= \int \left(-\frac{1}{(2aix - 2a^2)} + \frac{1}{(2aix + 2a^2)}\right) dx$$

$$= \int \left(-\frac{1}{2ai(x + ai)} + \frac{1}{2ai(x - ai)}\right) dx$$

$$= -\frac{1}{2ai} \int \left(\frac{1}{(x + ai)} - \frac{1}{(x - ai)}\right) dx$$

$$= -\frac{1}{2ai} (ln(x + ai) - ln(x - ai))$$

$$= -\frac{1}{2ai} . ln\left(\frac{x + ai}{x - ai}\right)$$

Iniciou-se então, em 1702, uma longa troca de cartas entre Leibniz e Bernoulli, o que era muito comum na época. Ambos começaram a argumentar o significado de $\ln\left(\frac{x+ai}{x-ai}\right)$ e, particularmente, a respeito de $\log(-1)$ (ROQUE; CARVALHO, 2012).

Bernoulli afirmava que $\log(x) = \log(-x)$, sendo x um número real, baseando-se em alguns argumentos:

Argumento 1:

$$\frac{dx}{x} = \frac{d(-x)}{-x}$$

$$\int \frac{dx}{x} = \int \frac{d(-x)}{-x}$$

$$ln(x) = ln(-x)$$

Argumento 2:

$$(+a)^2 = (-a)^2$$

$$log(+a)^2 = log(-a)^2$$

$$2.log(+a) = 2.log(-a)$$

$$log(+a) = log(-a)$$

No argumento 2, pode ser dito que Bernoulli não teria encontrado um resultado correto, pois apesar de ninguém colocar os cálculos em cheque, a função logarítmica não está definida para os números negativos. Mas era justamente isso que procuravam Leibniz e Bernoulli, era uma definição para os logaritmos de números negativos ou até mesmo complexos. Utilizando esses mesmos cálculos Leibniz chegara a uma conclusão diferente de Bernoulli:

Argumento 1:

$$log(+1) = log(-1)$$

$$10^{log(+1)} = 10^{log(-1)}$$

$$+1 = -1$$

Argumento 2:

Se $log(-1)$ é real, $log(i)$ também deve ser real, logo

$$log(i) = log\left(\sqrt{-1}\right) = log(-1)^{\frac{1}{2}} = \frac{1}{2}log(-1)$$

Argumento 3:

Colocando $x = 2$ na expansão de Taylor:

$$log(1+x) = x - \frac{x^2}{2} + \frac{x^3}{3} - \frac{x^4}{4} + \cdots$$

tem-se o seguinte:

$$log(1-2) = log(-1) = -2 - \frac{4}{2} - \frac{8}{3} - \frac{16}{4} - \cdots$$

Que é uma série divergente, não podendo ser real. Por esse motivo, a série é restrita ao intervalo $-1 < x \leq 1$.

Baseando-se nesses argumentos, Leibniz afirmava que era um absurdo o logaritmo de um número negativo ser igual ao logaritmo do seu simétrico.

Segundo Elon Lages Lima (LIMA, 2012), a controvérsia de Bernoulli e Leibniz foi resolvida por Euler em uma de suas publicações intitulada: *Da controvérsia entre os Senhores Leibniz e Bernoulli sobre os logaritmos de números negativos e imaginários*. Na exponencial, é sabido que $e^{i\theta} = \cos\theta + i.\operatorname{sen}\theta$ e fazendo $\theta = \pi$ a identidade

$e^{i\pi} = -1$. Então calculando o logaritmo natural dessa identidade, é obtido:

$$e^{i\pi} = -1$$

$$ln\, e^{i\pi} = ln(-1)$$

$$ln(-1) = i\pi$$

E generalizou tal solução ao perceber, como de De Moivre nas raízes de números complexos, que na verdade $\ln(-1) = i(\pi + 2k\pi)$, onde k é um número inteiro. Portanto, como a resolução das equações cúbicas para os complexos, a identidade de Euler confirmaria a existência de logaritmos de números negativos. Euler evidencia outro fato que é consequência da sua fórmula. Qualquer número, positivo ou negativo, não tem um único logaritmo e sim uma infinidade de logaritmos, sendo quando $k = 0$ o logaritmo principal. Para mostrar tal consequência faz-se:

Da relação $e^{i.(\theta+2k\pi)} = \cos(\theta + 2k\pi) + i.\text{sen}(\theta + 2k\pi)$, vê-se que se $\ln a = c$ então $\ln a = c + 2k\pi$, pois $e^{c+2k\pi} = e^c . e^{2k\pi} = e^c(\cos(2k\pi) + i\,\text{sen}(2k\pi)) = e^c = a$. Podendo somente o primeiro logaritmo de um número positivo ser um número real, todos os outros serão complexos, todos os logaritmos dos demais números, com exceção do zero, serão números complexos. A respeito disso, Euler havia referido em seu artigo que é imprescindível à natureza dos logaritmos que cada número possua uma infinidade de logaritmos e que esses logaritmos sejam distintos, não somente entre si, porém também de todos os logaritmos dos demais números.

1.6 A EXPONENCIAL COMPLEXA

Admitindo que o leitor esteja familiarizado através de séries nos livros de cálculo, uma demonstração para $e^{i\theta} = \cos\theta + i.\operatorname{sen}\theta$ dar-se-á através da utilização das séries da constante e, seno e cosseno. Sejam as séries conhecidas:

$$e^x = \sum_{n=0}^{\infty} \frac{x^n}{n!} = 1 + x + \frac{x^2}{2!} + \frac{x^3}{3!} + \frac{x^4}{4!} + \cdots$$

$$cos\, x = \sum_{n=0}^{\infty} \frac{(-1)^n . x^{2n}}{(2n)!} = 1 - \frac{x^2}{2!} + \frac{x^4}{4!} - \frac{x^6}{6!} + \frac{x^8}{8!} - \cdots$$

$$sen\, x = \sum_{n=0}^{\infty} \frac{(-1)^n . x^{2n-1}}{(2n-1)!} = x - \frac{x^3}{3!} + \frac{x^5}{5!} - \frac{x^7}{7!} + \frac{x^9}{9!} - \cdots$$

Na série da constante de Euler (e^x), Euler substituiu astuciosamente x por $i\theta$, obtendo para $e^{i\theta}$a seguinte sequência:

$$e^{i\theta} = \sum_{n=0}^{\infty} \frac{(i\theta)^n}{n!}$$

$$= 1 + i\theta + \frac{(i\theta)^2}{2!} + \frac{(i\theta)^3}{3!} + \frac{(i\theta)^4}{4!} + \frac{(i\theta)^5}{5!} + \frac{(i\theta)^6}{6!} + \frac{(i\theta)^7}{7!} \ldots$$

$$= 1 + i\theta - \frac{\theta^2}{2!} - i.\frac{\theta^3}{3!} + \frac{\theta^4}{4!} + i.\frac{\theta^5}{5!} - \frac{\theta^6}{6!} - i.\frac{\theta^7}{7!} + \frac{\theta^8}{8!} + i.\frac{\theta^9}{9!} - \cdots$$

$$= \left(1 - \frac{\theta^2}{2!} + \frac{\theta^4}{4!} - \frac{\theta^6}{6!} + \cdots\right) + i.\left(\theta - \frac{\theta^3}{3!} + \frac{\theta^5}{5!} - \frac{\theta^7}{7!} + \cdots\right)$$

E como no início estão desenvolvidas as séries de $\cos x$ e $\operatorname{sen} x$, pode-se facilmente perceber que $e^{i\theta} = \cos\theta + i.\operatorname{sen}\theta$.

Uma segunda maneira de se demonstrar essa relação, basta é derivar o complexo $z = \cos\theta + i.\operatorname{sen}\theta$, depois integrando-o e finalmente colocando tudo na base e:

$$z = cos\,\theta + i.\,sen\,\theta$$

$$dz = d(cos\,\theta + i.\,sen\,\theta)$$

$$dz = (-\,sen\,\theta + i.\,cos\,\theta)d\theta$$

$$dz = i.\,(cos\,\theta + i.\,sen\,\theta)d\theta$$

$$dz = i.\,zd\theta$$

$$\frac{dz}{z} = id\theta$$

$$\int \frac{dz}{z} = \int id\theta$$

$$ln\,z = i\theta$$

$$e^{ln\,z} = e^{i\theta}$$

$$z = e^{i\theta} = cos\,\theta + i.\,sen\,\theta$$

Portanto, é possível representar o número complexo z na forma $z = r.\,e^{i\theta}$. É definida, então, a exponencial e^{z}, para um número complexo da forma $z = a + bi$, mantendo a propriedade aditiva da exponencial real, sob a expressão $e^{z} = e^{a+bi} = e^{a}(\cos b + i.\operatorname{sen} b)$ e sua representação gráfica se dá conforme a Figura 5.

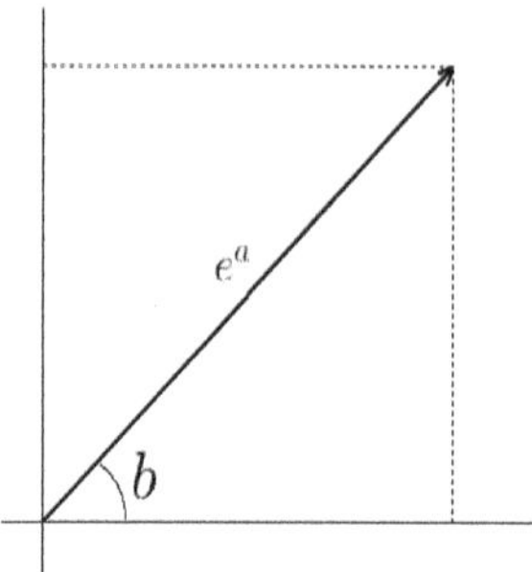

Figura 5 - Representação de e^z no plano complexo

Depois da descoberta de que $e^{i\theta} = \cos\theta + i.\text{sen}\,\theta$, Euler se surpreendeu ao considerar o argumento de tal relação com $\theta = \pi$, tendo a seguinte igualdade $e^{i\pi} + 1 = 0$. Portando Euler não chegava a uma simples relação, mas ele encontrara uma fórmula que reúne, o que ele considerava, os cinco mais importantes números da matemática: e (que é a base do logaritmo natural), i (o número que representa a unidade imaginária $\sqrt{-1}$), π (o número pi, que é a razão de uma circunferência pelo seu diâmetro), 1 (um, a unidade numérica que está em todos sistemas de numeração) e 0 (zero, o elemento nulo). Além de também reunir as 3 principais operações da matemática: adição, multiplicação e exponenciação. Fórmula a qual foi considerada na época, e até hoje por muitos matemáticos, inclusive Euler, "entre as mais belas fórmulas de toda matemática" (MAOR, 2008, p. 208).

2 ESTRUTURA ALGÉBRICA DOS NÚMEROS COMPLEXOS

A finalidade de se estudar a estrutura algébrica dos números complexos é de se poder afirmar, através de demonstrações, que os números complexos podem ter as mesmas operações utilizadas no conjunto dos números reais, sendo, às vezes, menos abstrato que as operações no conjunto dos racionais e irracionais. O objetivo desse capítulo é mostrar como e porque se faz as operações em $\mathbb{R}$.

2.1 IMERSÃO DE $\mathbb{R}$ EM $\mathbb{C}$

É fácil a percepção de que os complexos da forma $a + 0i$ se comportam, em relação à adição e multiplicação, da mesma forma que os números reais a, para confirmar faz-se uma aplicação $f: \mathbb{R} \rightarrow \mathbb{C}$, como nos mostra a Figura 6 a seguir.

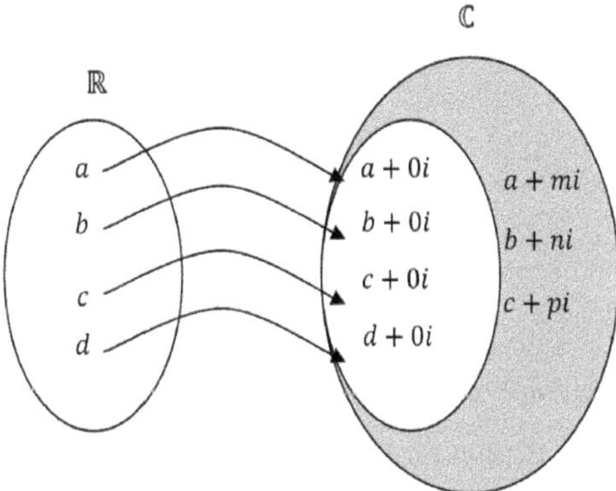

Figura 6 - Diagrama da imersão de $\mathbb{R}$ em $\mathbb{C}$

Inicialmente pode ser notado que f é injetora, pois conserva as operações de adição e multiplicação:

- Adição

A adição $a + b$, com $a, b \in \mathbb{R}$, está diretamente associada com a soma dos complexos $(a + 0i) + (b + 0i) = (a + b) + 0i$, ou ainda utilizando a função soma, $f(a + b) = (a + b) + 0i = (a + 0i) + (b + 0i) = f(a) + f(b)$.

- Multiplicação

A multiplicação $a.b$, com $a, b \in \mathbb{R}$, está diretamente associada com a multiplicação dos complexos $(a + 0i).(b + 0i) = (a.b - 0.0) + (a.0 + b.0)i = a.b + 0i$, ou seja, $f(ab) = (ab) + 0i = (ab - 0.0) + (a.0 + b.0)i = (a + 0i).(b + 0i) = f(a).f(b)$.

Isso significa que somar e multiplicar números reais equivale a somar e multiplicar, respectivamente, os números complexos correspondentes, visto que, para a adição e multiplicação seu comportamento é o mesmo. Genericamente o conjunto $\mathbb{R}$ pode ser representado como subconjunto de $\mathbb{C}$, ou seja, $\mathbb{R} \subset \mathbb{C}$.

2.2 Operações com Números Complexos

O que define um número complexo é a unidade imaginária. Denomina-se unidade imaginária e indica-se por i, cujo valor algébrico é $\sqrt{-1}$, o número complexo $z = 1$. Potências de i:

$$i = \sqrt{-1} = i$$

$$i^2 = i.i = \left(\sqrt{-1}\right)^2 = -1$$

$$i^3 = i^2.i = \left(\sqrt{-1}\right).\left(\sqrt{-1}\right)^2 = i.(-1) = -i$$

$$i^4 = i^2 . i^2 = \left(\sqrt{-1}\right)^2 . \left(\sqrt{-1}\right)^2 = (-1).(-1) = 1$$

$$i^5 = i^4 . i = \left(\sqrt{-1}\right)^4 . \left(\sqrt{-1}\right) = 1.\left(\sqrt{-1}\right) = i$$

$$i^6 = i^4 . i^2 = \left(\sqrt{-1}\right)^4 . \left(\sqrt{-1}\right)^2 = 1.(-1) = -1$$

Como se pôde observar, para expoentes maiores do que 4 o resultado se repete de forma cíclica formando uma redundância, ou seja, irá se repetir conforme o termo geral $i^n = i^{4q+r} = i^r$. Logo aí está a propriedade básica da unidade imaginária: $i^2 = -1$.

Na matemática é necessário ter uma base sólida, ou seja, apoiar em algo concreto no qual não se precisa de demonstração, um exemplo disso é a obra *Elementos de Euclides*. Para demonstrar adiante as propriedades das operações dos complexos tem-se como alicerce as seguintes definições sobre igualdade, soma e multiplicação no conjunto dos complexos:

Dados os complexos $z_1 = a + bi$ e $z_2 = c + di$, tem-se

- Definição de igualdade:

$$z_1 = z_2 \Longrightarrow a + bi = c + di \text{ se, somente se, } \begin{cases} a = c \\ b = d \end{cases}$$

- Definição da soma:

$$z_1 + z_2 = (a + bi) + (c + di)$$

$$z_1 + z_2 = a + bi + c + di$$

$$z_1 + z_2 = a + c + bi + di$$

$$z_1 + z_2 = (a + c) + (b + d)i$$

- Definição da multiplicação

$$z_1.z_2 = (a + bi).(c + di)$$

$$z_1.z_2 = ac + adi + bci + bdi^2$$

$$z_1.z_2 = ac - bd + adi + bci$$

$$z_1.z_2 = (ac - bd) + (ad + bc)i$$

Não há necessidade de se definir a subtração e a divisão, visto que subtrair é o ato de se somar o primeiro termo ao simétrico aditivo do segundo termo e dividir é multiplicar o primeiro termo pelo inverso multiplicativo do segundo, como é visto mais adiante.

2.3 Conceito de Grupo

O conceito de grupo é um foco principal nos estudos de Álgebra Moderna. Sua utilização se dá em quase todas as áreas da matemática, onde, por exemplo, grupos podem ser usados para retratar simetrias geométricas associando a cada figura um grupo, e tem abundantes aplicações em outras ciências.

Definição: Um sistema matemático constituído de um conjunto não vazio G e uma operação $(x, y) \rightarrow x * y$ sobre G, que também pode ser denotado por $(G,*)$, é chamado grupo se essa operação se sujeita aos seguintes axiomas:

I. Associatividade:

$$(a * b) * c = a * (b * c), \forall a, b, c, \in G$$

II. Existência de elemento neutro:

$$\exists e \in G | a * e = e * a = a, \forall a \in G$$

III. Existência de simétricos:

$$\exists e \in G | a * a' = a' * a = a, \forall a \in G$$

Esse grupo $(G,*)$ diz-se comutativo ou abeliano se verificar também:

IV. Comutatividade:

$$(a * b) = (b * a), \forall a, b \in G$$

É exemplo de grupo abeliano o conjunto da soma dos reais, mas já a subtração deixa de ser por não haver a condição da comutatividade.

Sendo (G,*) um grupo, há as seguintes propriedades imediatas:

- a unicidade do elemento neutro de $(G,*)$;
- a unicidade do simétrico de cada elemento de G;
- que, se e é o elemento neutro, então $e' = e$;
- que se $(a')' = a$, qualquer que seja $a \in G$;
- que $(a_1 * a_2 * a_3 * \ldots * a_n)' = a_1' * a_2' * a_3' * \ldots * a_n'$;
- que todo elemento de G é regular para a operação $*$, ou seja, se $a * x = a * y$ então $x = y$.
- no grupo G, a equação $a * x = b$ tem o conjunto solução unitário, constituído do elemento $a' * b$.

2.3.1 Grupo Abeliano Aditivo dos Complexos

Para tal são demonstradas, de acordo com a definição dada anteriormente, as seguintes propriedades:

- Associatividade:

$$(z_1 * z_2) * z_3 = z_1 * (z_2 * z_3), \forall z_1, z_2, z_3 \in \mathbb{C}$$

Demonstração:

Fazendo $z_1 = a + bi$, $z_2 = c + di$ e $z_3 = e + fi$, tem-se

$$(z_1 + z_2) + z_3 = \big((a + bi) + (c + di)\big) + (e + fi)$$

$$= \big((a + c) + (b + d)i\big) + (e + fi)$$

$$= (a + c + e) + (b + d + f)i$$

$$= (a + bi) + \big((c + e) + (d + f)i\big)$$

$$= z_1 + (z_2 + z_3)$$

- Comutatividade:

$$z_1 * z_2 = z_2 * z_1, \forall z_1, z_2 \in \mathbb{C}$$

Demonstração:

Fazendo $z_1 = a + bi$ e $z_2 = c + di$, tem-se

$$z_1 + z_2 = (a + bi) + (c + di)$$

$$= (a + c) + (b + d)i$$

$$= (c + a) + (d + b)i$$

$$= (c + di) + (a + bi)$$

$$= z_2 + z_1$$

- Existência de elemento neutro:

Existe um elemento $e_A \in \mathbb{C}$ tal que $z * e_A = e_A * z, \forall z \in \mathbb{C}$.

Demonstração:

Fazendo $z = a + bi$, há de provar que existe $e_A = x + yi$ tal que $z + e_A = z$.

$$z + e_A = z$$

$$(a + bi) + (x + yi) = a + bi$$

$$(a + x) + (b + y)i = a + bi$$

então pode ser concluído que

$$\begin{cases} a + x = a \\ b + y = b \end{cases} \Rightarrow \begin{cases} x = 0 \\ y = 0 \end{cases}$$

Portanto existe $e_A = 0 + 0i$, chamado elemento neutro para a adição que somado a qualquer complexo z dá como resultado o próprio z.

- Existência de simétricos:

Existe um elemento $z' \in \mathbb{C}$ tal que $z * z' = z' * z = e_A$, $\forall\, z' \in \mathbb{C}$.

Demonstração:

Fazendo $z = a + bi$, há de provar que existe $z' = a' + b'i$ tal que $z + z' = e_A$:

$$z + z' = e_A$$

$$(a + bi) + (a' + b'i) = 0 + 0i$$

$$(a + a') + (b + b')i = 0 + 0i$$

então pode ser concluído que

$$\begin{cases} a + a' = 0 \\ b + b' = 0 \end{cases} \Rightarrow \begin{cases} a' = -a \\ b' = -b \end{cases}$$

Portanto existe $z' = a' + b'i$, chamado simétrico de z (ou seja, $-z$), que somado ao complexo z dá como resultado $z' = a' + b'i$.

Então pode ser concluído que a adição dos números complexos é um grupo abeliano.

2.3.2 Grupo Abeliano Multiplicativo dos Complexos

As propriedades associativa, comutativa e elemento neutro se verificam facilmente, como pode ser visto a seguir:

- Associatividade:

$$(z_1 * z_2) * z_3 = z_1 * (z_2 * z_3), \forall z_1, z_2, z_3 \in \mathbb{C}$$

Demonstração:

Fazendo $z_1 = a + bi, z_2 = c + di$ e $z_3 = e + fi$, tem-se

$$(z_1.z_2).z_3 = \big((a + bi).(c + di)\big).(e + fi)$$

$$= \big((ac - bd) + (ad + bc)i\big).(e + fi)$$

$$= \big((ac - bd)e - (ad + bc)f\big) + \big((ad + bc)e + (ac - bd)f\big)i$$

$$= (ace - bde - adf - bcf) + (ade + bce + acf - bdf)i$$

$$= (ace - adf - bde - bcf) + (ade + acf + bce - bdf)i$$

$$= \big(a(ce - ad) - b(de + cf)\big) + \big(a(de + cf) + b(ce - df)\big)i$$

$$= (a + bi).\big((ce - df) + (de + cf)i\big)$$

$$= (a + bi).\big((c + di) + (e + fi)\big)$$

$= z_1.(z_2.z_3)$

- Comutatividade:

$$z_1 * z_2 = z_2 * z_1, \forall z_1, z_2 \in \mathbb{C}$$

Demonstração:

Fazendo $z_1 = a + bi$ e $z_2 = c + di$, tem-se

$$z_1.z_2 = (a + bi).(c + di)$$

$$= (ac - bd) + (ad + bc)i$$

$$= (ca - db) + (da + cb)i$$

$$= (c + di).(a + bi)$$

$$= z_2.z_1$$

- Existência de elemento neutro:

Existe um elemento $e_M \in \mathbb{C}$ tal que $z * e_M = e_M * z$, $\forall z \in \mathbb{C}$.

Demonstração:

Fazendo $z = a + bi$, há de provar que existe $e_M = x + yi$ tal que $z.e_M = z$.

$$z.e_A = z$$

$$(a + bi).(x + yi) = a + bi$$

$$(ax - by) + (ay + bx)i = a + bi$$

então pode-se concluir que

$$\begin{cases} ax - by = a \\ ay + bx = b \end{cases} \Rightarrow \begin{cases} x = 1 \\ y = 0 \end{cases}$$

Portanto existe $e_M = 1 + 0i$, chamado elemento neutro para a multiplicação que multiplicado a qualquer complexo z dá como resultado o próprio z.

- Existência de inversos:

Existe um elemento $z' \in \mathbb{C}$ tal que $z * z' = z' * z = e_M, \forall\, z' \in \mathbb{C}, z \neq 0$.

Demonstração:

Fazendo $z = a + bi$, há de provar que existe $z' = a' + b'i$ tal que $z.z' = e_M$.

$$z.z' = e_M$$

$$(a + bi).(a' + b'i) = 1 + 0i$$

$$(aa' - bb') + (ba' + ab')i = 1 + 0i$$

então pode ser concluído que

$$\begin{cases} aa' - bb' = 1 \\ ba' + ab' = 0 \end{cases} \Rightarrow \begin{cases} a' = \dfrac{a}{a^2 + b^2} \\ b' = -\dfrac{b}{a^2 + b^2} \end{cases}$$

Portanto existe $z' = a' + b'i$, chamado simétrico de z (ou seja, $-z$), que somado ao complexo z dá como resultado $z' = a' + b'i$.

Portanto existe $z' = a' + b'i = \frac{a}{a^2+b^2} - \frac{b}{a^2+b^2}i$, chamado inverso de z (ou seja, z^{-1}), que multiplicado ao complexo z dá como resultado e_M.

2.4 CONCEITO DE ANEL

Um outro conceito fundamental em álgebra é o de anel, sendo óbvia a utilidade de classificar diversas estruturas matemáticas de acordo com suas propriedades. Evita a repetição essencialmente das mesmas demonstrações em contextos só aparentemente diferentes permitindo a concentração nos pontos efetivamente relevantes, deixando de lado os pormenores que possam dificultar o raciocínio. Para a definição de anel, tem-se a seguinte:

Definição: Um sistema matemático constituído de um conjunto não vazio A e um par de operações sobre A, respectivamente uma adição $(x,y) \rightarrow x+y$ e uma multiplicação $(x,y) \rightarrow x.y$, é chamado anel se essa operação possui os seguintes axiomas:

I. $(A,+)$ é um grupo abeliano:
II. $(A,.)$ é um semigrupo possui a propriedade associativa;
III. A multiplicação é distributiva em relação à adição, vale dizer que, se $a,b,c \in A$, então $a.(b+c) = a.b + a.c$.

O anel é comutativo se a multiplicação é comutativa; ele é anel unitário se tem elemento neutro 1_A para a multiplicação, sendo $1_A \neq 0$, que se chama a identidade do anel.

Um anel possui as seguintes propriedades imediatas:

- Equivalem as mesmas propriedades do grupo abeliano aditivo;
- Se $a \in A$, então $a.0 = 0.a = 0$;
- Se $a,b \in A$, então $a.(-b) = (-a).b = -(a.b)$;
- Se $a,b \in A$, então $(-a).(-b) = a.b$.

2.4.1 ANEL COMUTATIVO DOS NÚMEROS COMPLEXOS

Para demonstrar que $(\mathbb{C}, +, .)$ é um anel, demonstra-se cada critério explicitado anteriormente, que são os seguintes:

- $(\mathbb{C}, +)$é um grupo abeliano:

Demonstração:

Já foi demonstrado que a adição sobre o conjunto dos complexos é um grupo, chamado de grupo abeliano aditivos dos complexos.

- $(\mathbb{C}, .)$ é um semigrupo que goza da propriedade associativa, isto é, se $z_1, z_2, z_3 \in \mathbb{C}$, então $(z_1.z_2).z_3 = z_1.(z_2.z_3)$.

Demonstração:

Também já foi demonstrado que a multiplicação em $\mathbb{C}$ é associativa.

- A multiplicação em $\mathbb{C}$ é distributiva em relação à adição, ou seja, $z_1, z_2, z_3 \in \mathbb{C}$, então $z_1.(z_2 + z_3) = z_1.z_2 + z_1.z_3$.

Demonstração:

Fazendo $z_1 = a + bi$, $z_2 = c + di$ e $z_3 = e + fi$, tem-se

$$z_1.(z_2 + z_3) = (a + bi).\big((c + di) + (e + fi)\big)$$

$$= (a + bi).\big((c + e) + (d + f)i\big)$$

$$= \big(a(c + e) - b(d + f)\big) + \big(b(c + e) + a(d + f)\big)i$$

$$= (ac + ae - bd - bf) + (ad + af + bc + be)i$$

$$= \big((ac - bd) + (ae - bf)\big) + \big((ad + bc) + (af + be)\big)i$$

$$= \big((ac - bd) + (ad + bc)i\big) + \big((ae - bf) + (af + be)i\big)$$

$$= (a + bi).(c + di) + (a + bi).(e + fi)$$

$$= z_1.z_2 + z_1.z_3$$

Como já foi demonstrado anteriormente que $(\mathbb{C},.)$ é comutativo, pode-se então concluir que $(\mathbb{C},+,.)$ é um anel comutativo.

2.5 Conceito de Corpo

Os corpos são examinados considerando a forma de construí-los a partir de subcorpos fixos.

Definição: Um sistema matemático constituído de um conjunto não vazio F e um par de operações sobre F, respectivamente uma adição $(x,y) \to x + y$ e uma multiplicação $(x,y) \to x.y$, é chamado corpo se essas operações satisfazem aos seguintes axiomas:

I. $(F,+)$ é um grupo abeliano, ou seja:
II. $(F - \{0\},.)$ é um grupo abeliano, ou seja:
III. A multiplicação é distributiva em relação à adição, vale dizer que, se $a, b, c \in F$, então $a.(b + c) = a.b + a.c$.

Sendo $(F,+,.)$ um corpo tem-se as seguintes propriedades imediatas:

- Equivalem as mesmas propriedades imediatas do grupo abeliano aditivo;
- Também equivalem as mesmas propriedades imediatas do grupo abeliano multiplicativo.

2.5.1 CORPO DOS NÚMEROS COMPLEXOS

Para demonstrar que $(\mathbb{C},+,.)$ é um corpo, há de demonstrar cada critério explicitado anteriormente, que são os seguintes:

- $(\mathbb{C},+)$ é um grupo abeliano:

Demonstração:

Já foi demonstrado que a adição sobre o conjunto dos complexos é um grupo abeliano, chamado de grupo abeliano aditivo dos complexos.

- $(\mathbb{C}-\{0\},.)$ é um grupo abeliano:

Demonstração:

Também já foi demonstrado que a multiplicação sobre o conjunto dos complexos é um grupo abeliano, chamado de grupo abeliano multiplicativo dos complexos.

- A multiplicação em $\mathbb{C}$ é distributiva em relação à adição, ou seja, se $z_1, z_2, z_3 \in \mathbb{C}$, então $z_1.(z_2+z_3) = z_1.z_2 + z_1.z_3$..

Demonstração:

Também já foi demonstrado que a multiplicação em $\mathbb{C}$ é associativa. Então tem a certeza de que $(\mathbb{C},+,.)$ é um corpo.

2.6 $\mathbb{C}$ NÃO É UM CORPO ORDENADO

Uma pergunta frequente feita em sala de aula é: 'Como faço para saber, entre dois complexos, qual deles é o maior?'. Para responder tal indagação, há de lembrar que um conjunto A é ordenado se está definida entre seus elementos uma relação de ordem, ou seja, uma relação binária $x < y$, com as propriedades dadas a seguir:

Dados os elementos $x, y, z \in A$ quaisquer se tem:

- 1ª Propriedade de ordem (Tricotomia):

Pode-se ter somente uma das três consequências: $x < y$, $x > y$ ou $x = y$.

- 2ª Propriedade de ordem (Transitividade):

Se $x < y$ e $y < z$ logo $x < z$.

Segundo a definição dada, o que impede a ordenação dos números complexos? Há uma ordenação já bastante conhecida, denominada 'ordem do dicionário'. Essa ordem se baseia em que dado um complexo $z = a + bi$ e outro $w = c + di$, tem-se $z > w$ quando a parte real de z for maior que a parte real de w, isto é, $a > c$, valendo a recíproca. Mas quando se tem $a = c$, apela-se para a parte imaginária, ou seja, $z > w$ com $a = c$ se, somente se, $b > d$, sendo a recíproca também válida.

Pronto, já foi ordenado o corpo dos complexos, agora é preciso verificar se essa ordenação é interessante. Então, são definidas uma relação de ordem compatível com as operações de adição e multiplicação no conjunto $\mathbb{R}$, seguindo as seguintes propriedades:

Dados os elementos $x, y, z \in \mathbb{C}$ quaisquer se tem:

- 1ª Propriedade de ordem:

Se $x < y$ então $x + z < y + z$ para todo z no corpo.

- 2ª Propriedade de ordem:

Se $x < y$ então $x.z < y.z$ para todo z positivo no corpo.

Aplicando a ordem do dicionário nas duas propriedades acima tem-se que na primeira cumpre a condição estabelecida, sendo compatível a ordem do dicionário com a adição, mas não tem a mesma veracidade para a segunda propriedade, ou seja, a multiplicação não cumpre a condição dada. Para comprovar essa primeira afirmação não é necessário um grande esforço para perceber que se $x < y$ e se adicionar a mesma quantidade z aos dois membros, isto é, $x + z < y + z$, segundo a ordem do dicionário, sempre será verdadeira para qualquer $x, y, z \in \mathbb{C}$. Porém na segunda afirmação, nem sempre irá ocorrer que, se $x < y$ e multiplicar ambos os membros pelo mesmo valor z tem-se $x.z < y.z$. Um exemplo numérico é fazer $x = 1 + 2i$ e $y = 2 + i$, agora para z ser um número 'positivo' sua parte real tem de ser positiva, então toma-se para z o valor $z = 1 - 2i$, logo tem-se

$$x < y$$

$$1 + 2i < 2 + i$$

$$(1 + 2i).(1 - 2i) < (2 + i).(1 - 2i)$$

$$5 + 0i < 3 - 3i$$

Que é uma é controverso, pois de acordo com a lei de ordenação do dicionário $5 + 0i > 3 - 3i$ e não $5 + 0i < 3 - 3i$ como comprovado acima. Tornando assim a ordem do dicionário desinteressante para se ordenar os complexos.

Outra situação pode ser empregada para mostrar é impossível se ordenar de forma completa o corpo dos complexos. Se provando tal afirmação comparando $\mathbb{C}$ com $\mathbb{R}$ através dos seguintes argumentos:

i. Um número é negativo quando seu simétrico é positivo;
ii. Um número é positivo quando seu simétrico é negativo;
iii. A soma de positivos é positiva;
iv. O produto de positivos é positivo;
v. Para $x \in \mathbb{R}$, fazendo a tricotomia, obtém-se uma, e somente uma das três alternativas: $x > 0$ (positivo), $x = 0$ ou $x < 0$ (negativo).

Então utilizando $x = 1$ e fazendo a tricotomia tem-se:

a) 1 é positivo;
b) 1 é zero (que é sabido não ser verdade, portanto deve ser considerada);
c) 1 é negativo;

Na adição não há resistência, então há de mostrar somente os efeitos das afirmações acima na multiplicação. De acordo com a parte a) da tricotomia, com $x = 1$, dada acima tem-se que 1 é positivo, logo a multiplicação $1.1 = 1$ tem produto positivo, e em c) tem-se que 1 é negativo, então -1 é positivo, portanto a multiplicação $(-1).(-1) = 1$ também tem produto positivo. Mas se for utilizado $x = i$ e também fazendo a tricotomia, tem-se que i é positivo, i é zero (que também é sabido não ser verdade, portanto não deve ser considerada novamente) ou i é negativo. Os efeitos da afirmação acima na multiplicação são os seguintes: induzem a concluir que, de acordo com a tricotomia dada acima em que $x = i$, tem-se que i é positivo, logo a multiplicação $i.i = i^2 = -1$ tem produto positivo, tem-se que i é negativo, então $-i$ é positivo, portanto a multiplicação $(-i).(-i) = i^2 = -1$ também tem produto positivo.

Então pode ser concluído que para $x = i$ a tricotomia fica contraditória com as definições dadas anteriormente, porque o número complexo i, supostamente sendo 'negativo' ou 'positivo', sempre terá resultado negativo, sendo assim um absurdo. Impossibilitando a organização ordenada do corpo dos complexos. Mais rigorosamente, pode-se supor que se $\mathbb{C}$ fosse um corpo ordenado, por consequência teria, em particular, $i^2 > 0$, logo $-1 > 0$ e $1 > 0$ ficando que $1 > 1$ e podendo afirmar, pelo feito anteriormente, que $1 \neq 1$, o que não é verdade. Tornando assim novamente impossível a ordenação completa do corpo dos complexos.

Da mesma forma que muitos matemáticos antigamente, citando Descartes, não aceitavam os números negativos como 'números de verdade' e não compreendiam seu real valor e tampouco sua ordem, não me surpreenderá se daqui a alguns anos, ou até séculos, alguém conseguir ordenar o corpo dos complexos dando como insuficiente o conceito de positivo, neutro e negativo. Talvez por se dar conta de que não é possível se ordenar o corpo dos números complexos da mesma forma que se ordena o corpo dos números reais. Quebrando assim as barreiras hoje impostas para a ordenação dos complexos, como Hamilton uma vez rompera os percalços da comutatividade na álgebra.

2.7 Os Números Complexos como Pontos no $\mathbb{R}^2$

O objetivo de um isomorfismo é o de distinguir os grupos em classes disjuntas tais que as propriedades deduzidas para um particular grupo de uma dada classe possam ser transferidas para todos os grupos dessa classe, e apenas para estes, com uma mudança adequada das notações. Essencialmente, dois grupos de uma mesma classe são indistinguíveis em tudo que é pertinente à teoria dos grupos. E para que dois grupos, P e Q pertençam a mesma classe, exige-se que se possa definir uma bijeção $f: P \to Q$ que preserve as operações. A bijeção garante a necessidade óbvia de que P e Q tenham a mesma cardinalidade, ao passo que preservar as operações significa, a grosso modo, a possibilidade de poder transferir os cálculos de um grupo para o outro. Segue que se dois espaços vetoriais de dimensão finita são isomorfos, então eles têm a mesma dimensão.

As definições dadas nos itens anteriores para a soma e o produto de números complexos independem do sentido matemático que possam dar ao número i. No entanto, elas têm como consequência o fato muito importante de que pode ser identificado o conjunto dos números complexos com o plano $\mathbb{R}^2 = \{(x,y)|x,y \in \mathbb{R}\}$, por meio de um isomorfismo $\mathbb{R}$-linear $T: \mathbb{R}^2 \to \mathbb{C}$ definido por $T(x,y) = x + yi$.

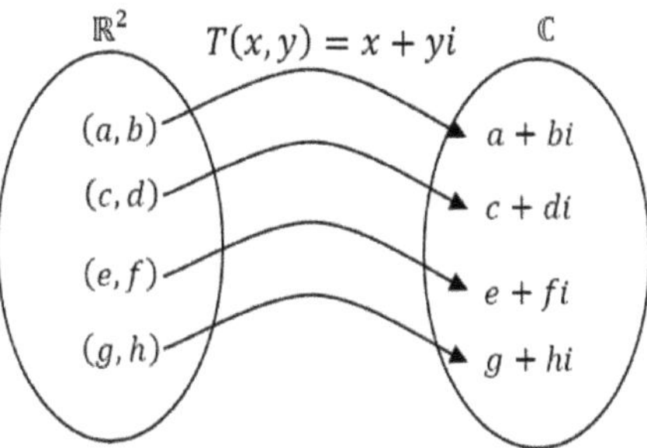

Figura 7 - Isomorfismo de $\mathbb{R}^2$ e $\mathbb{C}$

Nesse momento, há de verificar se há a preservação das operações de adição e multiplicação na transformação linear $T(x,y) = x + yi$.

Para a adição

$$T[(a,b) + (x,y)] = T(a + x, b + y)$$

$$T[(a,b) + (x,y)] = (a + x) + (b + y)i$$

$$T[(a,b) + (x,y)] = a + x + bi + yi$$

$$T[(a,b) + (x,y)] = (a + bi) + (x + yi)$$

$$T[(a,b) + (x,y)] = T(a,b) + T(x,y).$$

Para a multiplicação

$$T[(a,b).(x,y)] = T(ax - by, ay + bx)$$

$$T[(a,b).(x,y)] = (ax - by) + (ay + bx)i$$

$$T[(a,b).(x,y)] = ax - by + ayi + bxi$$

$$T[(a,b).(x,y)] = ax + ayi - by + bxi$$

$$T[(a,b).(x,y)] = ax + ayi + bxi + byi^2$$

$$T[(a,b).(x,y)] = a(x + yi) + bi(x + yi)$$

$$T[(a,b).(x,y)] = (a + bi).(x + yi)$$

$$T[(a,b).(x,y)] = T(a,b).T(x,y).$$

Logo, pode-se perceber que as operações de adição e multiplicação mantêm a mesma estrutura para se efetuar os cálculos.

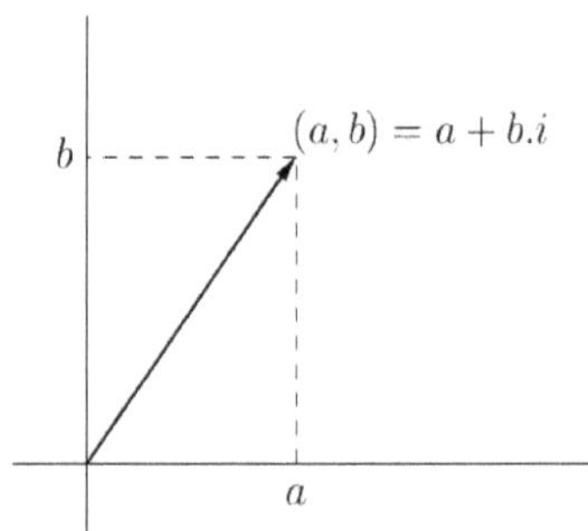

Figura 8 - Representação de um vetor como um número complexo

Pode-se então representar geometricamente o conjunto dos números complexos em um plano (Figura 8), como faz-se no caso de $\mathbb{R}^2$.

3 Estudo Algébrico e Qualitativo da Fórmula de Resolução de Cúbicas

Esse capítulo é um conjunto de ideias e demonstrações baseado nas obras de Gilberto Garbi (2007), Carl B. Boyer (2012), Howard Whitley Eves (2004), Elon Lages Lima (2012) e nas aulas dos professores Augusto César Morgado e Luciano Guimarães Monteiro de Castro sobre números complexos (Janeiro de 2002 e janeiro de 2013, respectivamente), Paulo Cezar Pinto Carvalho sobre equações algébricas (Janeiro de 2013) ministradas no PAPMEM (Programa de Aperfeiçoamento de Professores de Matemática do Ensino Médio) no IMPA[2].

Procede-se, fazendo algumas manipulações algébricas, de modo a encontrar as mesmas fórmulas obtidas outrora por Scipione Ferro, primeiro a encontrar a fórmula para calcular uma raiz das equações cúbicas, e Girolamo Cardano, primeiro a publicar, em sua obra *Ars Magna*, em 1545, após ter acesso aos arquivos de Ferro em Bolonha (LIMA, 2012).

O método consiste em eliminar por meio de operações algébricas o termo de grau 2, e obter uma equação do tipo $z^3 + pz + q = 0$.

3.1 Fórmula Para Resolução de Equações do Terceiro Grau

Para encontrar uma fórmula para a resolução de uma equação do terceiro grau do tipo $ax^3 + bx^2 + cx + d = 0$, é necessário fazer um processo não muito simples e, portanto, o está apresentado em 2 passos para uma melhor e mais detalhada compreensão.

[2] Tais vídeos podem ser baixados do site http://videos.impa.br

Primeiro, substitui-se x por $z + w$ na equação $ax^3 + bx^2 + cx + d = 0$ e obtido

$$a(z + w)^3 + b(z + w)^2 + c(z + w) + d = 0 \tag{12}$$

Desenvolvendo todas as potências da equação (12)tem-se

$$\begin{gathered} az^3 + 3az^2w + 3azw^2 + aw3 + bz^2 + \\ +2bzw + bw2 + cz + cw + d = 0 \end{gathered} \tag{13}$$

Colocando as potencias de z em evidência na equação (13), tem-se

$$\begin{gathered} z^3 + (3aw + b)z^2 + (3aw^2 + 2bw + c)z + \\ +a(aw^3 + bw^2 + cw + d) = 0 \end{gathered} \tag{14}$$

Visto que, por substituir a incógnita pela soma de duas parcelas, existe a liberdade para dar um valor qualquer tanto para z, tanto quanto para w. Para eliminar o termo de grau 2, convenciona-se que $3aw + b = 0$, ou, simplesmente,

$$w = \frac{-b}{3a} \tag{15}$$

Substituindo o valor de w, dado em (15), na equação (14), sabendo que o coeficiente de z^2 é igual a 0, e fazendo algumas manipulações, listadas a seguir, tem-se

$$az^3 + \left(3a\left(\frac{-b}{3a}\right)^2 + 2b\left(\frac{-b}{3a}\right) + c\right)z +$$

$$+\left(a\left(\frac{-b}{3a}\right)^3 + b\left(\frac{-b}{3a}\right)^2 + c\left(\frac{-b}{3a}\right) + d\right) = 0$$

$$az^3 + \left(3a\left(\frac{b^2}{9a^2}\right) + 2b\left(\frac{-b}{3a}\right) + c\right)z +$$

$$+\left(a\left(\frac{-b^3}{27a^3}\right)+b\left(\frac{b^2}{9a^2}\right)+c\left(\frac{-b}{3a}\right)+d\right)=0$$

$$az^3+\left(\frac{3ab^2}{9a^2}-\frac{2b^2}{3a}+c\right)z+\left(-\frac{ab^3}{27a^3}+\frac{b^3}{9a^2}-\frac{bc}{3a}+d\right)=0$$

$$az^3+\left(\frac{b^2}{3a}-\frac{2b^2}{3a}+c\right)z+\left(-\frac{b^3}{27a^2}+\frac{b^3}{9a^2}-\frac{bc}{3a}+d\right)=0$$

ou, equivalentemente,

$$az^3+\left(-\frac{b^2}{3a}+c\right)z+\left(\frac{2b^3}{27a^2}-\frac{bc}{3a}+d\right)=0 \qquad (16)$$

Agora multiplicando ambos os lados da equação (16)(26) por $\frac{1}{a}$, obtém-se

$$\frac{1}{a}\left(az^3+\left(-\frac{b^2}{3a}+c\right)z+\left(\frac{2b^3}{27a^2}-\frac{bc}{3a}+d\right)\right)=\frac{1}{a}.0$$

$$z^3+\left(-\frac{b^2}{3a^2}+\frac{c}{a}\right)z+\left(\frac{2b^3}{27a^3}-\frac{bc}{3a^2}+\frac{d}{a}\right)=0$$

Então ao denotar que $p=-\frac{b^2}{3a^2}+\frac{c}{a}$ e $q=\frac{2b^3}{27a^3}-\frac{bc}{3a^2}+\frac{d}{a}$, obtém-se a equação $z^3+pz+q=0$.

Por fim, como segundo passo, é feito o uso de um artifício análogo ao do primeiro passo. Substituindo z por u+v na equação $z^3+pz+q=0$, tem-se

$$z^3+pz+q=(u+v)^3+p(u+v)+q=0$$

$$u^3+3u^2v+3uv^2+v^3+p(u+v)+q=0,$$

que é reescrita na forma

$$u^3+v^3+(3uv+p)(u+v)+q=0 \qquad (17)$$

Novamente, tem-se plena liberdade para atribuir valores a u ou a v. Para que haja uma solução, adota-se $3uv + p = 0$ na equação (26), ou,

$$uv = \frac{-p}{3} \tag{18}$$

Assim, a equação (17) assume a forma

$$u^3 + v^3 = -q \tag{19}$$

Tendo, enfim, um sistema de duas equações com as equações (26) e (26)

$$\begin{cases} uv = \dfrac{-p}{3} & (20) \\ u^3 + v^3 = -q & (21) \end{cases}$$

Elevando-se a equação (24) ao cubo, obtém-se

$$\begin{cases} u^3v^3 = \left(\dfrac{-p}{3}\right)^3 \\ u^3 + v^3 = -q \end{cases}$$

Pode ser percebido que u^3 e v^3 são raízes de uma equação do segundo grau, cujo produto $\left(\frac{-p}{3}\right)^3$ e a soma é $-q$. Mais precisamente, a equação do segundo grau em questão é

$$t^2 + qt + \left(\frac{-p}{3}\right)^3 = 0$$

cuja solução, dada pela fórmula de resolução de equações do segundo grau, é

$$t = \frac{-q \pm \sqrt{q^2 - 4\left(\frac{-p}{3}\right)^3}}{2}$$

$$\text{t} = -\frac{q}{2} \pm \sqrt{\frac{q^2 - 4\left(\frac{-p}{3}\right)^3}{4}}$$

$$\text{t} = -\frac{q}{2} \pm \sqrt{\frac{q^2}{4} + \left(\frac{p}{3}\right)^3}$$

ou seja,

$$t = -\frac{q}{2} \pm \sqrt{\left(\frac{q}{2}\right)^2 + \left(\frac{p}{3}\right)^3}.$$

Denotando por $u^3 = t'$ e $v^3 = t''$ obtém-se $u = \sqrt[3]{t'}$ e $v = \sqrt[3]{t''}$. Tem-se ainda,

$$u = \sqrt[3]{t'} = \sqrt[3]{-\frac{q}{2} + \sqrt{\left(\frac{q}{2}\right)^2 + \left(\frac{p}{3}\right)^3}}$$

e

$$v = \sqrt[3]{t''} = \sqrt[3]{-\frac{q}{2} - \sqrt{\left(\frac{q}{2}\right)^2 + \left(\frac{p}{3}\right)^3}}$$

em suas formas expandidas.

Fazendo um retrospecto desde o passo 1, tem-se que $x = z + w = u + v + w$. Finalmente chega-se à conclusão que as raízes da equação $ax^3 + bx^2 + cx + d = 0$ podem ser extraídas pela fórmula

$$x = \sqrt[3]{-\frac{q}{2} + \sqrt{\left(\frac{q}{2}\right)^2 + \left(\frac{p}{3}\right)^3}} + \sqrt[3]{-\frac{q}{2} - \sqrt{\left(\frac{q}{2}\right)^2 + \left(\frac{p}{3}\right)^3}} - \frac{b}{3a} \quad (22)$$

em que $p = -\frac{b^2}{3a^2} + \frac{c}{a}$ e $q = \frac{2b^3}{27a^3} - \frac{bc}{3a^2} + \frac{d}{a}$.

3.2 Um Caso Particular do Teorema Fundamental Da Álgebra

Antes de iniciar com o estudo algébrico e qualitativo do discriminante $\Delta = \left(\frac{q}{2}\right)^2 + \left(\frac{p}{3}\right)^3$ no cálculo de raízes de equações do terceiro grau, é feita uma síntese sobre o Teorema Fundamental da Álgebra (TFA)[3] que afirma que qualquer polinômio $p(z)$ com coeficientes complexos de uma variável e de grau $n > 0$ tem alguma raiz complexa. E, em consequência, possui exatamente n raízes, não necessariamente distintas (ÁVILA, 2002). O nome desse teorema é hoje em dia considerado inadequado por muitos matemáticos, por não ser fundamental para a Álgebra atual.

Ao considerar a equação $x^n = z$, (que equivale a $x = \sqrt[n]{z}$), de acordo com o TFA, sabe-se que tem n raízes. A melhor maneira de se encontrar todas essas raízes é transformar x e z em complexos na forma trigonométrica, ou seja, $x = R(\cos\beta + i\,\mathrm{sen}\,\beta)$, e $z = r(\cos\alpha + i\,\mathrm{sen}\,\alpha)$, em que r é o módulo de z e α é o argumento de z. Então, se zx^n, tem-se

$$r(\cos\alpha + i\,\mathrm{sen}\,\alpha) = [R(\cos\beta + i\,\mathrm{sen}\,\beta)]^n$$

---

[3] Demonstração bastante intuitiva que pode ser encontrada em alguns livros, como exemplo, *A matemática do Ensino Médio – Volume 3* (LIMA, MORGADO, *et al.*, 2004, p. 249-253, 263-267)

$$r(\cos\alpha + i\,\mathrm{sen}\,\alpha) = R^n(\cos\beta + i\,\mathrm{sen}\,\beta)^n$$

$$r(\cos\alpha + i\,\mathrm{sen}\,\alpha) = R^n\underbrace{(\cos\beta + i\,\mathrm{sen}\,\beta)\ldots(\cos\beta + i\,\mathrm{sen}\,\beta)}_{\text{multiplicados } n \text{ vezes}}$$

$$r(\cos\alpha + i\,\mathrm{sen}\,\alpha) = R^n\cos\underbrace{(\beta + \cdots + \beta)}_{n \text{ parcelas } \beta} + i\,\mathrm{sen}\underbrace{(\beta + \cdots + \beta)}_{n \text{ parcelas } \beta}$$

ou, de forma equivalente,

$$R^n\cos(n.\beta) + i\,\mathrm{sen}(n.\beta) = r(\cos\alpha + i\,\mathrm{sen}\,\alpha)$$

Agora é evidente que para os números complexos sob a forma trigonométrica serem iguais, tem de ocorrer que seus módulos sejam iguais e seus argumentos não necessariamente sejam iguais, mas que no círculo trigonométrico tenham a mesma posição, isto é, sejam congruentes. Para exemplificar, tome-se argumento de z o arco $\alpha = \frac{\pi}{2}$. Como no círculo trigonométrico há infinitos arcos onde o valor de seu seno e cosseno serão o mesmo, por exemplo, $\mathrm{sen}\frac{\pi}{2} = \mathrm{sen}\frac{5\pi}{2} = \mathrm{sen}\frac{9\pi}{2} = \cdots = \mathrm{sen}\frac{(4k+1)\pi}{2}$ para $k = 0,1,2,3, \ldots,$ então qualquer que seja o valor de k, natural, há diferentes representações para o número complexo. Observa-se que, existe um intervalo em que a representação é única. O menor comprimento onde tal propriedade é observada, que é chamado de período. Mais precisamente, o valor corresponde a múltiplos de 2π, ou seja, $2k\pi$, para $k = 0,1,2,3 \ldots$.

Então não é necessário que os argumentos dos complexos acima sejam iguais, mas correspondentes. Então, se $x = \sqrt[n]{z}$ e usando as condições

$$R^n = r \Rightarrow R = \sqrt[n]{r}$$

e

$$n\beta = \alpha + 2k\pi \Rightarrow \beta = \frac{\alpha + 2k\pi}{n},$$

obtidas da equação (24), pode-se generalizar que

$$\sqrt[n]{z} = \sqrt[n]{r}\left(\cos\left(\frac{\alpha + 2k\pi}{n}\right) + i\,\text{sen}\left(\frac{\alpha + 2k\pi}{n}\right)\right) \quad (23)$$

para $k = 0,1,2,3,\ldots,n-1$.

Note que foram definidos os valores de k como sendo $0 \leq k \leq n-1$, pois ao ser aplicada a fórmula acima em um dado complexo, é notado que para os valores de $k \geq n$, as raízes começarão a se repetir.

3.3 Estudo Algébrico Sobre o Discriminante Δ

No Subcapítulo 3.1 foi visto que a fórmula (22), para resolução de equações cúbicas, foi colocada a desafios quando as três raízes são reais, visto a necessidade de se recorrer à raiz quadrada de números negativos. Um desses desafios foi vencido por Bombelli, mas seu critério de resolução não resolvia satisfatoriamente todas as equações.

Por isso, muitos matemáticos procuraram determinar um método geral que solucionasse todas as equações. Será que tal método existiria? O próprio Bombelli e o matemático François Viète se destacaram com uma profunda contribuição para tais dúvidas. Viète foi um mestre na arte de substituição de incógnitas como artifício matemático, conseguindo a façanha de obter uma fórmula para as equações de três raízes reais distintas. Seu método foi de utilizar a substituição de z na equação $z^3 - 3pz + 2q = 0$ por $r.\cos\theta$, utilizando várias identidades trigonométricas e outros artifícios.

Nessa seção, porém, apresento uma outra maneira de se chegar à uma fórmula para resolução de equações cúbicas com 3 raízes reais distintas que tem o mesmo propósito da obtida por Viète, mas sem 'adivinhações'. Não querendo diminuir o trabalho de Viète, visto que, quando ele obteve essa fórmula, as dificuldades eram bem maiores para se estudar qualquer assunto e os números complexos não estavam tão evoluídos quanto nos dias de hoje.

Para uma melhor análise, o discriminante da fórmula (22) por

$$\Delta = \left(\frac{q}{2}\right)^2 + \left(\frac{p}{3}\right)^3,$$

pois é este discriminante que vai nos dizer se a raiz quadrada da fórmula necessitará do uso dos complexos. Inicialmente Viète e Bombelli perceberam que, se o discriminante é negativo, ou seja, $\Delta < 0$, então todas as raízes são reais e distintas, e que seria necessário do uso de números complexos para se chegar a tais raízes. Além disso, sabe-se que, se $\Delta > 0$, a equação tem uma raiz real e duas raízes complexas conjugadas; se $\Delta = 0$, têm-se três raízes reais, sendo uma repetida.

Após a aplicação da fórmula (22) em uma equação cujas raízes são reais e distintas, obtém uma equação do tipo

$$x = \sqrt[3]{m + \sqrt{\Delta}} + \sqrt[3]{m - \sqrt{\Delta}} - \frac{b}{3a} \qquad (24)$$

em que $m = \frac{-q}{2}$ e $\Delta < 0$. Evidenciando a necessidade de extrair as raízes cúbicas dos complexos $z_1 = m + i\sqrt{\Delta}$ e $z_2 = m - i\sqrt{\Delta}$.

Primeiramente há de transformar os números complexos z_1 e z_2, anteriormente mencionados, para a forma trigonométrica. Para tal, observa-se que os módulos dos dois complexos conjugados são iguais, por isso

$$r = \sqrt{m^2 + \left(\sqrt{-\Delta}\right)^2}$$

$$= \sqrt{m^2 - \Delta^2}$$

$$= \sqrt{\left(\frac{q}{4}\right)^2 - \left(\frac{q}{2}\right)^2 - \left(\frac{p}{3}\right)^3}$$

$$= \sqrt{-\left(\frac{p}{3}\right)^3},$$

Logo, se $\Delta = \left(\frac{q}{2}\right)^2 + \left(\frac{p}{3}\right)^3 < 0$, então $p < 0$ e $\sqrt{-\left(\frac{p}{3}\right)^3}$ é um número real.

Tem-se ainda que, representados no plano de Argand-Gauss, os números complexos possuem características que podem ser observadas na Figura 9. Por exemplo, o argumento do número complexo é o ângulo entre o eixo das abscissas e o segmento de reta que liga a origem do plano ao ponto $(m, \sqrt{-\Delta})$.

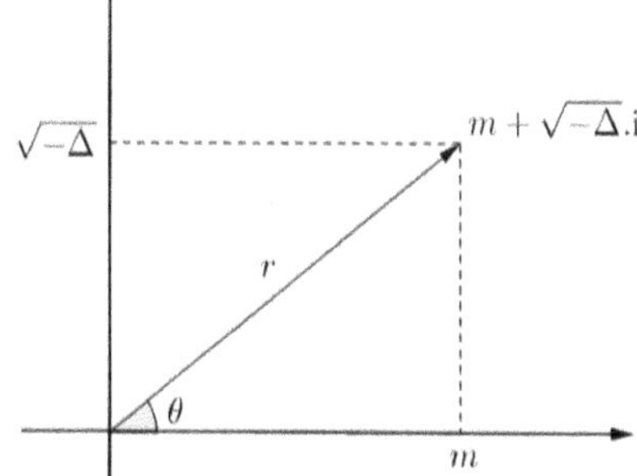

Figura 9 - Representação na forma polar de um número complexo

Considerando a representação polar dos números complexos, pode-se obter as seguintes razões trigonométricas para z_1

$$\cos\theta = \frac{m}{r}$$

$$\operatorname{sen}\theta = -\frac{\sqrt{-\Delta}}{r}$$

e para z_2

$$\cos\theta = \frac{m}{r}$$

$$\operatorname{sen}\theta = \frac{\sqrt{-\Delta}}{r}$$

tais que, substituídas na equação (24) nos fornece a relação

$$\mathrm{x} = \sqrt[3]{r(\cos\theta + i\operatorname{sen}\theta)} + \sqrt[3]{r(\cos\theta - i\operatorname{sen}\theta)} - \frac{b}{3a}$$

Agora, considerando apenas uma das 3 raízes da equação cúbica. Por exemplo, dada a raiz onde $k = 0$ e obtém-se

$$x = \sqrt[3]{r}\left(\cos\left(\frac{\theta}{3}\right) + i\operatorname{sen}\theta\right) + \sqrt[3]{r}\left(\cos\left(\frac{\theta}{3}\right) - i\operatorname{sen}\left(\frac{\theta}{3}\right)\right) - \frac{b}{3a} \quad (25)$$

Colocando $\sqrt[3]{r}$ em evidência na equação (25), chega a

$$x = 2\sqrt[3]{r}\cos\left(\frac{\theta}{3}\right) - \frac{b}{3a}.$$

Lembrando que, $\cos\theta = \frac{m}{r}$ e, consequentemente,

$$\theta = \arccos\left(\frac{m}{r}\right)$$

obtém-se, multiplicando ambos os membros da equação (26) por $\frac{1}{3}$, a equação

$$\frac{\theta}{3} = \frac{1}{3}.\arccos\left(\frac{m}{r}\right).$$

Substituindo o valor de $\frac{\theta}{3}$ na equação (25), obtém-se

$$x = 2\sqrt[3]{r}\cos\left(\frac{1}{3}.\arccos\left(\frac{m}{r}\right)\right) - \frac{b}{3a}$$

Mas, também é sabido que $r = \sqrt{-\left(\frac{p}{3}\right)^3}$ e $m = \frac{-q}{2}$, então a equação (26) pode ser reescrita na forma

$$x = 2\sqrt[3]{\sqrt{-\left(\frac{p}{3}\right)^3}}\cos\left(\frac{1}{3}.\arccos\left(\frac{\frac{-q}{2}}{\sqrt{-\left(\frac{p}{3}\right)^3}}\right)\right) - \frac{b}{3a} \qquad (26)$$

Como r é o módulo do número complexo não real, tem-se então que $r > 0$ e, portanto, pode-se definir

$$r = \sqrt{-\left(\frac{p}{3}\right)^3} = \sqrt{\left(\frac{|p|}{3}\right)^3}$$

pois p é o único termo que pode transformar a raiz quadrada em um número complexo. Logo, fazendo algumas simplificações nos radicais, finalmente chega a

$$x = 2\sqrt{\left(\frac{|p|}{3}\right)}.\cos\left(\frac{1}{3}.\arccos\left(\frac{\frac{-q}{2}}{\sqrt{\left(\frac{|p|}{3}\right)^3}}\right)\right) - \frac{b}{3a}.$$

Assim, nota-se que, de fato, o cálculo das raízes fundamenta-se na obtenção do valor de Δ. Portanto, de posse do mesmo estrutura-se a solução. Resumindo o que se obtém, pode ser observado que

- Se $\Delta = 0 : x' = 2\sqrt[3]{-\frac{q}{2}} - \frac{b}{3a}$;
- Se $\Delta > 0 : x' = \sqrt[3]{-\frac{q}{2} + \sqrt{\Delta}} + \sqrt[3]{-\frac{q}{2} - \sqrt{\Delta}} - \frac{b}{3a}$;
- Se $\Delta < 0 : x' = 2\sqrt{\left(\frac{|p|}{3}\right)}.\cos\left(\frac{1}{3}.\arccos\left(\frac{\frac{-q}{2}}{\sqrt{\left(\frac{|p|}{3}\right)^3}}\right)\right) - \frac{b}{3a}$;

que é a expressão de uma das raízes da equação para cada um dos diferentes sinais do discriminante.

Existem várias formas de se calcular as demais raízes, umas delas é simplesmente dividir a equação original por $x - x'$ e recai em uma equação de grau 2, a qual pode ser resolvido usando a fórmula de resolução de equação do segundo grau que é indevidamente atribuída a Bháskara (este método de resolução é conhecido há pelo menos 1700 anos antes de Cristo, porém, era aplicado somente para obtenção de raízes positivas). Ainda podem ser utilizadas duas das três seguintes relações envolvendo as raízes x' (que já é conhecida pela fórmula), x'' e x''' da cúbica. São elas

- $x' + x'' + x''' = -\frac{b}{a}$;

- $x'.x'' + x'.x''' + x''.x''' = \frac{c}{a};$
- $x'.x''.x''' = -\frac{d}{a}.$

Agora, faz-se uma sinopse dos métodos acima mostrados. Será imprescindível o uso de calculadora cientifica, principalmente quando o discriminante for negativo.

Passo 1: obtenção de p, q e Δ:

- $p = -\frac{b^2}{3a^2} + \frac{c}{a};$
- $q = \frac{2b^3}{27a^3} - \frac{bc}{3a^2} + \frac{d}{a};$
- $\Delta = \left(\frac{q}{2}\right)^2 + \left(\frac{p}{3}\right)^3.$

Passo 2: análise de delta e cálculo de x':

- Se $\Delta = 0 : x' = 2\sqrt[3]{-\frac{q}{2}} - \frac{b}{3a};$
- Se $\Delta > 0 : x' = \sqrt[3]{-\frac{q}{2} + \sqrt{\Delta}} + \sqrt[3]{-\frac{q}{2} - \sqrt{\Delta}} - \frac{b}{3a};$
- Se $\Delta < 0 : x' = 2\sqrt{\left(\frac{|p|}{3}\right)}.\cos\left(\frac{1}{3}.\arccos\left(\frac{\frac{-q}{2}}{\sqrt{\left(\frac{|p|}{3}\right)^3}}\right)\right) - \frac{b}{3a}.$

Passo 3: cálculo x'' e x''':

- Fica a critério de cada um, porém o método da divisão por $x - x'$ e posteriormente a utilização da fórmula para resolução de equações do segundo grau é mais simples.

3.4 ESTUDO QUALITATIVO SOBRE O DISCRIMINANTE Δ

Será abordado por meio de uma análise gráfica da função $f: \mathbb{R} \to \mathbb{R}$, dada por $f(x) = ax^3 + bx^2 + cx + d$ com $a \neq 0$. Sabe-se que cada ponto de intersecção com o eixo das abcissas corresponde a uma raiz real da equação $ax^3 + bx^2 + cx + d = 0$.

Inicialmente, colocando x^3 em evidência na função acima e considerando $a > 0$ (que não perderá a generalidade, visto que $a < 0$ tem raciocínio análogo), tem-se:

$$f(x) = x^3\left(a + \frac{b}{x} + \frac{c}{x^2} + \frac{d}{x^3}\right)$$

Pode ser observado que, para valores positivos muito grandes de x os valores de $\frac{b}{x}$, $\frac{c}{x^2}$ e $\frac{d}{x^3}$ são desprezíveis. Logo, prevalece o sinal positivo de a. Então o sinal de $f(x)$, quando o valor de x é muito grande, é o mesmo sinal de x^3, ou seja, mesmo sinal de x. Agora, se x é um valor muito grande em módulo, mas negativo, então $f(x)$ também será negativo (Pensamento análogo ao exposto anteriormente para $a > 0$).

Percebe-se que $f(x)$, por passar continuamente de negativo para positivo (ou positivo para negativo caso $a < 0$), deve se anular em um ponto qualquer, isto é, existe algum valor para x tal que $f(x) = 0$. Tais argumentos nos leva a concluir que toda equação cúbica tem pelo menos uma raiz real e, consequentemente, o gráfico de $f(x) = ax^3 + bx^2 + cx + d$ passa pelo eixo das abcissas pelo menos uma vez.

Tem-se ainda que, se um número complexo não real é uma raiz de uma equação com coeficientes reais, seu conjugado também é raiz da mesma equação (IEZZI, 2013). Então não existe a possibilidade de ter 1 ou 3 raízes complexas não reais. Então há as seguintes possibilidades de raízes:

- 3 raízes reais distintas;
- 3 raízes reais iguais;
- 3 raízes reais, sendo que 2 delas são iguais; e
- 1 raiz real e 2 raízes complexas.

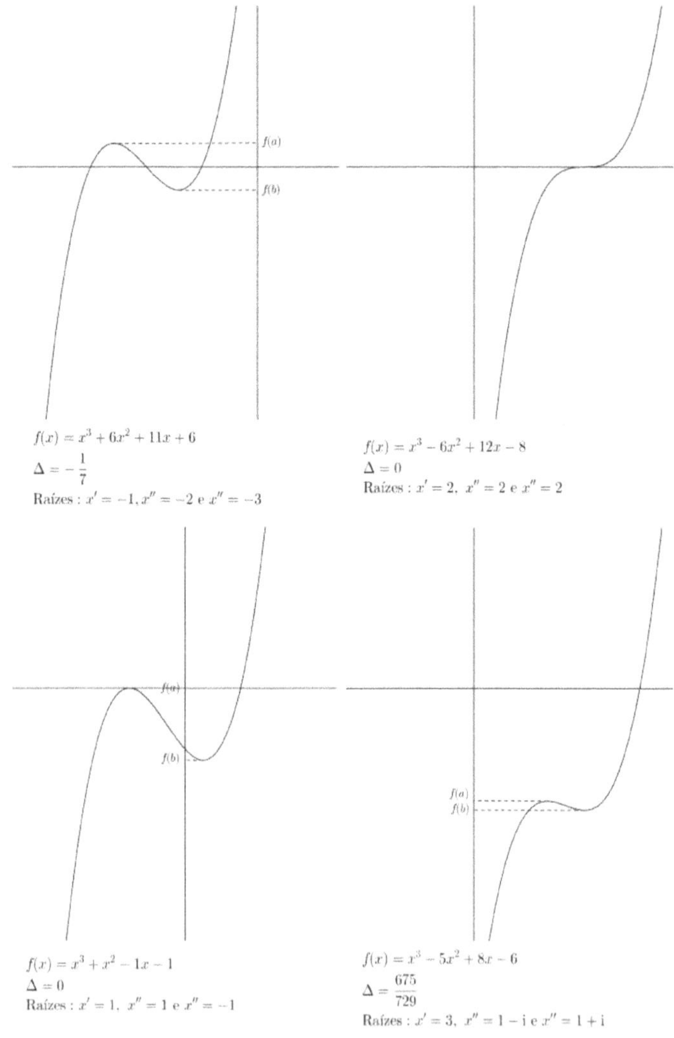

Figura 10 - Diferentes possibilidades para o gráfico das funções polinomiais conforme os tipos de raízes da equação polinomial correspondente. Na parte superior, à esquerda, situação em que há 3 raízes reais distintas e, à direita, 3 raízes reais iguais. Na parte inferior, à esquerda, há 3 raízes reais, sendo que 2 delas são iguais. À direita, na parte inferior, há duas raízes complexas e uma real

Na Figura 10 são ilustradas as diferentes possibilidades para o gráfico das funções polinomiais conforme os tipos de raízes da equação polinomial correspondente. Na parte superior, à esquerda, situação em que há 3 raízes reais distintas e, à direita, 3 raízes reais iguais. Na parte inferior, à esquerda, tem-se 3 raízes reais, sendo que 2 delas são iguais. À direita, na parte inferior, tem-se duas raízes complexas e uma real. Como indicativo do que acontece de modo geral pode ser apontado que,

- se $\Delta < 0$:
  - 3 raízes reais distintas
- se $\Delta = 0$:
  - 1 raiz real distinta e 2 raízes reais iguais; ou
  - 3 raízes reais iguais.
- se $\Delta > 0$:
  - 1 raiz real e 2 complexas.

Ainda analisando os gráficos e denotando o valor de máximo local e o valor de mínimo local das funções por, respectivamente, $f(a)$ e $f(b)$ pode ser percebido que se:

- $f(a).f(b) < 0$, 3 raízes reais distintas;
- $f(a).f(b) = 0$, 1 raiz distinta e 2 raízes reais iguais;
- $f(a).f(b) > 0$, 1 raiz real e 2 raízes complexas[4];
- $f(a) = f(b)$, 3 raízes reais iguais.

---

[4] Raiz real é considerada como o complexo da forma $a + 0.i$ e raíz complexa como o complexo na forma $a + b.i$ com $b \neq 0$.

Não foi realizada prova ou demonstração das afirmações sobre os tipos de raízes por acreditar que se faz necessário um estudo mais aprofundado e foge aos objetivos desse livro. Mas caso o leitor queira uma leitura mais aprofundada desse tema, é recomendada a leitura das páginas 11 a 25 do livro *Meu professor de matemática e outras histórias* do autor Elon Lages Lima (2012).

4 APLICAÇÕES

Os números complexos tiveram dificuldades em adquirir sua 'cidadania plena', porém hoje são amplamente utilizados em diversas áreas, da própria matemática e da física. As explanações serão restritas a algumas aplicações interessantes na matemática devido ao fato de as aplicações na física necessitarem um conhecimento teórico prévio.

4.1 EQUAÇÕES CÚBICAS

No Capítulo 3, as equações cúbicas de coeficientes reais foram amplamente exploradas. Voltando à sinopse mostrada. Reforçando o uso de calculadora cientifica.

- Passo 1: obtenção de p, q e Δ:

- $p = -\frac{b^2}{3a^2} + \frac{c}{a};$
- $q = \frac{2b^3}{27a^3} - \frac{bc}{3a^2} + \frac{d}{a};$
- $\Delta = \left(\frac{q}{2}\right)^2 + \left(\frac{p}{3}\right)^3.$

- Passo 2: análise de delta e cálculo de x':

- Se $\Delta = 0 : x' = 2\sqrt[3]{-\frac{q}{2}} - \frac{b}{3a};$
- Se $\Delta > 0 : x' = \sqrt[3]{-\frac{q}{2} + \sqrt{\Delta}} + \sqrt[3]{-\frac{q}{2} - \sqrt{\Delta}} - \frac{b}{3a};$
- Se $\Delta < 0 : x' = 2\sqrt{\left(\frac{|p|}{3}\right)}.\cos\left(\frac{1}{3}.\arccos\left(\frac{\frac{-q}{2}}{\sqrt{\left(\frac{|p|}{3}\right)^3}}\right)\right) - \frac{b}{3a}.$

- Passo 3: cálculo x'' e x''':

  - Fica a critério de cada um, porém o método da divisão por $x - x'$ e posteriormente a utilização da fórmula para resolução de equações do segundo grau é mais simples.

Agora são exploradas as formas de resolução das equações cúbicas a seguir:

Equação 1) $x^3 + x^2 - x - 1 = 0$

Passo 1: Cálculo de p, q e Δ:

$$p = -\frac{b^2}{3a^2} + \frac{c}{a} = -\frac{1^2}{3.1^2} + \frac{-1}{1} = -\frac{1}{3} + \frac{-1}{1} = -\frac{4}{3},$$

$$q = \frac{2b^3}{27a^3} - \frac{bc}{3a^2} + \frac{d}{a} = \frac{2.1^3}{27.1^3} - \frac{1.(-1)}{3.1^2} + \frac{1}{1} = \frac{2}{27} - \frac{-1}{3} + \frac{-1}{1} = -\frac{16}{27},$$

$$\Delta = \left(\frac{q}{2}\right)^2 + \left(\frac{p}{3}\right)^3 = \left(\frac{-\frac{16}{27}}{2}\right)^2 + \left(\frac{-\frac{4}{3}}{3}\right)^3 \text{b}$$

$$\Delta = \left(-\frac{8}{27}\right)^2 + \left(-\frac{4}{9}\right)^3 = \frac{64}{729} - \frac{64}{729} = 0.$$

Passo 2: Análise de delta e cálculo de x':

Como $\Delta = 0$, delta negativo, é usada a fórmula:

$$x' = 2\sqrt[3]{-\frac{q}{2}} - \frac{b}{3a},$$

que utilizando uma calculadora, tem-se

$$x' = 2\sqrt[3]{-\frac{-\frac{16}{27}}{2}} - \frac{1}{3.1} = 1,$$

Passo 3: Cálculo de x'' e x''' que fica a critério do leitor.

Resposta: $x' = -1, x'' = -2, x''' = -3.$

Equação 2) $x^3 + 6x^2 + 11x + 6 = 0$

Passo 1: Cálculo de p, q e Δ:

$$p = -\frac{b^2}{3a^2} + \frac{c}{a} = -\frac{6^2}{3.1^2} + \frac{11}{1} = -\frac{36}{3} + \frac{11}{1} = -12 + 11 = -1,$$

$$q = \frac{2b^3}{27a^3} - \frac{bc}{3a^2} + \frac{d}{a} = \frac{2.6^3}{27.1^3} - \frac{6.11}{3.1^2} + \frac{6}{1} = 16 - 22 + 6 = 0,$$

$$\Delta = \left(\frac{q}{2}\right)^2 + \left(\frac{p}{3}\right)^3 = \left(\frac{0}{2}\right)^2 + \left(\frac{-1}{3}\right)^3 = -\frac{1}{27}.$$

Passo 2: Análise de delta e cálculo de x':

Como $\Delta = -\frac{1}{27}$, delta negativo, é usada a fórmula:

$$x' = 2\sqrt{\left(\frac{|p|}{3}\right)}.\cos\left(\frac{1}{3}.\operatorname{arccos}\left(\frac{\frac{-q}{2}}{\sqrt{\left(\frac{|p|}{3}\right)^3}}\right)\right) - \frac{b}{3a},$$

que utilizando uma calculadora, tem-se

$$x' = 2\sqrt{\left(\frac{|-1|}{3}\right)}.\cos\left(\frac{1}{3}.\operatorname{arccos}\left(\frac{\frac{0}{2}}{\sqrt{\left(\frac{|-1|}{3}\right)^3}}\right)\right) - \frac{6}{3.1} = -1,$$

Passo 3: Cálculo de x'' e x''' que fica a critério do leitor.

Resposta: $x' = 1, x'' = -1, x''' = -1.$

Equação 3) $x^3 - 3x^2 + x - 3 = 0$

Passo 1: Cálculo de p, q e Δ:

$$p = -\frac{b^2}{3a^2} + \frac{c}{a} = -\frac{(-3)^2}{3.1^2} + \frac{1}{1} = -\frac{9}{3} + \frac{1}{1} = -3 + 1 = -2,$$

$$q = \frac{2b^3}{27a^3} - \frac{bc}{3a^2} + \frac{d}{a} = \frac{2.(-3)^3}{27.1^3} - \frac{-3.1}{3.1^2} + \frac{-3}{1} = -2 + 1 - 3 = -4,$$

$$\Delta = \left(\frac{q}{2}\right)^2 + \left(\frac{p}{3}\right)^3 = \left(\frac{-4}{2}\right)^2 + \left(\frac{-2}{3}\right)^3 = 4 - \frac{8}{27} = \frac{100}{27}.$$

Passo 2: Análise de delta e cálculo de x':

Como $\Delta = \frac{100}{27}$, delta negativo, é usada a fórmula:

$$x' = \sqrt[3]{-\frac{q}{2} + \sqrt{\Delta}} + \sqrt[3]{-\frac{q}{2} - \sqrt{\Delta}} - \frac{b}{3a},$$

que utilizando uma calculadora, tem-se

$$x' = \sqrt[3]{-\frac{-4}{2} + \sqrt{\frac{100}{27}}} + \sqrt[3]{-\frac{-4}{2} - \sqrt{\frac{100}{27}}} - \frac{-3}{3.1},$$

Passo 3: Cálculo de x'' e x''' que fica a critério do leitor.

Resposta: $x' = 1, x'' = -i, x''' = i.$

Com o objetivo de incentivar o leitor a praticar a resolução de equação cúbica, essas duas equações são indicadas para prática.

1. $x^3 - 6x^2 + 12x - 8 = 0$
2. $x^3 - 5x^2 + 8x - 6 = 0$

4.2 SOMATÓRIOS

Uma das propriedades dos números complexos que podem ser citada é o comportamento cíclico das potências de i. Os ciclos se repetem como descrito a seguir

$i^0 = i^4 = i^8 = \ldots = 1,$

$i^1 = i^5 = i^9 = \ldots = i,$

$i^2 = i^6 = i^{10} = \ldots = -1,$
$i^3 = i^7 = i^{11} = \ldots = -i.$

Esse fato será importante para os estudos seguintes. Inicialmente, tomar a expansão binomial de Newton de $(1+x)^n$, ou seja,

$$(1+x)^n = 1 + C_n^1 x + C_n^2 x^2 + C_n^3 x^3 + \cdots + C_n^n x^n \qquad (27)$$

e desta equação são obtidos alguns resultados bastante úteis.

Substituindo $x = 1$ na equação (27) tem-se

$$(1+1)^n = 1 + C_n^1 + C_n^2 + C_n^3 + \cdots + C_n^n = 2^n \qquad (28)$$

conhecido Teorema das Linhas de Pascal.

Agora, fazendo $x = -1$ na mesma equação (27) tem-se

$$(1-1)^n = 1 - C_n^1 + C_n^2 - C_n^3 + \cdots + (-1)^n C_n^n = 0 \qquad (29)$$

Somando as equações (28) e (29) e efetuando algumas manipulações algébricas

$$(1 + C_n^1 + C_n^2 + \cdots + C_n^n) + (1 - C_n^1 + C_n^2 - \cdots + (-1)^n C_n^n) = 2^n$$

$$1 + 1 + C_n^1 - C_n^1 + C_n^2 + C_n^2 + C_n^3 - C_n^3 + \cdots + C_n^n + (-1)^n C_n^n = 2^n$$

$$2 + 2C_n^2 + 2C_n^4 + 2C_n^6 + \cdots + (1 + (-1)^n) C_n^n = 2^n$$

$$2\left(1 + C_n^2 + C_n^4 + C_n^6 + \cdots + C_n^k\right) = 2^n$$

em que $k = n$ se n for par e $k = n - 1$ se n é ímpar. Dividindo ambos os lados da última equação por 2, obtém-se a equação (30)

$$1 + C_n^2 + C_n^4 + C_n^6 + \cdots + C_n^k = 2^{n-1} \qquad (30)$$

em que $k = n$ se n for par e $k = n - 1$ se n é ímpar.

Agora, subtraindo a equação (29) da equação (28) e, efetuando novamente algumas manipulações algébricas,

$$1 + C_n^1 + C_n^2 + \cdots + C_n^n - 1 + C_n^1 - C_n^2 + \cdots (-1)^n C_n^n = 2^n$$

$$2C_n^1 + 2C_n^3 + 2C_n^5 + 2C_n^7 \ldots + 2C_n^l = 2^n$$

$$2\left(C_n^1 + C_n^3 + C_n^5 + C_n^7 \ldots + C_n^l\right) = 2^n$$

em que $l = n$ se n for par e $l = n - 1$ se n é ímpar.

Novamente, dividindo a última equação por 2, encontra-se a equação (31)

$$C_n^1 + C_n^3 + C_n^5 + C_n^7 \ldots + C_n^l = 2^{n-1} \quad (31)$$

em que $l = n$ se n for par e $l = n - 1$ se n é ímpar.

Comparando as equações (30) e (31) obtém-se a relação

$$1 + C_n^2 + C_n^4 + C_n^6 + \cdots + C_n^k = C_n^1 + C_n^3 + C_n^5 + C_n^7 \ldots + C_n^l = 2^{n-1}$$

em que $k = n$ e $l = n - 1$ se n for par e se n é impar $k = n - 1$ e $l = n$. Assim, obtém-se, com alguma facilidade, utilizando conceitos básicos, a soma binomial de combinações de n tomadas em números pares, como também em números ímpares.

Uma pergunta é muito pertinente nesse momento: Onde se encaixam os números complexos? Visto que, na obtenção das equações (30) e (31), não foi utilizado em momento algum os números complexos. Porém, será que é possível calcular a seguinte soma?

$$1 + C_n^4 + C_n^8 + C_n^{12} + \cdots + C_n^m$$

em que m é o maior inteiro positivo menor ou igual a n

Fazendo uma reflexão com os resultados já obtidos, seria interessante utilizar um valor para x, na equação (27), que altere sua potência em ciclos diferentes de 2. Destaca-se que no início dessa seção é explanado sobre as potências do complexo i que muda em ciclos de 4. Note como isso pode auxiliar, substituindo $x = i$ na expansão binomial (27),

$$(1+i)^n = 1 + C_n^1 i + C_n^2 i^2 + C_n^3 i^3 + C_n^4 i^4 + C_n^5 i^5 + \cdots + C_n^n i^n$$

$$= 1 + C_n^1 i + C_n^2(-1) + C_n^3(-i) + C_n^4 + C_n^5 i + \cdots + C_n^n i^n$$

$$= 1 + C_n^1 i - C_n^2 - C_n^3 i + C_n^4 + C_n^5 i - \cdots + C_n^n i^n$$

$$= \left(1 - C_n^2 + C_n^4 - \cdots (-1)^a C_n^b\right) + i.\left(C_n^1 - C_n^3 + C_n^5 - \cdots (-1)^c C_n^d\right)$$

em que h é o maior número par menor ou igual a n, $a = 0$ se h é múltiplo de 4 e $a = 1$, caso h seja par e não múltiplo de 4. Se $d + 1$ for múltiplo de 4, então $c = 1$, caso contrário, com d ímpar, $c = 0$.

Da expressão anterior, destaca-se dois resultados úteis, a parte real

$$Re(1+i)^n = 1 - C_n^2 + C_n^4 - C_n^6 + \cdots + (-1)^a C_n^b \tag{32}$$

e a parte imaginária

$$Im(1+i)^n = C_n^1 - C_n^3 + C_n^5 - C_n^7 + \cdots + (-1)^c C_n^d \tag{33}$$

em que h é o maior número par menor ou igual a n, $a = 0$ se h é múltiplo de 4 e $a = 1$, caso h seja par e não múltiplo de 4. Se $d + 1$ for múltiplo de 4, então $c = 1$, caso contrário, com d ímpar, $c = 0$.

Uma vez que $(1+i)^n = \left(\sqrt{2}\left(\cos\frac{\pi}{4} + i.\operatorname{sen}\frac{\pi}{4}\right)\right)^n$ que, pela fórmula de De Moivre, é equivalente a

$$(1+i)^n = \sqrt{2^n}\left(\cos\frac{n\pi}{4} + i.\operatorname{sen}\frac{n\pi}{4}\right)$$

$$(1+i)^n = 2^{\frac{n}{2}}.\cos\left(\frac{n\pi}{4}\right) + i.2^{\frac{n}{2}}.\operatorname{sen}\left(\frac{n\pi}{4}\right)$$

tem-se

$$Re(1+i)^n = 2^{\frac{n}{2}}.\cos\left(\frac{n\pi}{4}\right) \tag{34}$$

e

$$Im(1+i)^n = 2^{\frac{n}{2}}.\operatorname{sen}\left(\frac{n\pi}{4}\right) \tag{35}$$

E, associar ainda, por meio de somas binomiais, a equação (32) com a equação (34)

$$1 - C_n^2 + C_n^4 - C_n^6 + \cdots + (-1)^a C_n^b = 2^{\frac{n}{2}}.\cos\left(\frac{n\pi}{4}\right) \tag{36}$$

e a equação (33) com (35)

$$C_n^1 - C_n^3 + C_n^5 - C_n^7 + \cdots + (-1)^c C_n^d = 2^{\frac{n}{2}}.\operatorname{sen}\left(\frac{n\pi}{4}\right)$$

lembrando que a, b, c e d são os mesmos definidos nas equações (32) e (33).

Somando a equação (36) com a (30) e fazendo algumas manipulações algébricas,

$$2^{\frac{n}{2}}.\cos\left(\frac{n\pi}{4}\right) + 2^{n-1} =$$

$$= 1 + C_n^2 + C_n^4 + \cdots + C_n^k + 1 - C_n^2 + C_n^4 - \cdots + (-1)^a C_n^b =$$

$$= 2\left(1 + C_n^4 + C_n^8 + C_n^{12} + \cdots + C_n^h\right)$$

lembrando que k é o maior inteiro positivo que é par e menor que n e h é o maior múltiplo de 4 que é menor ou igual a n. Se k é múltiplo de 4 então $a = 0$, se não, $a = 1$.

Finalmente, obtém-se

$$1 + C_n^4 + C_n^8 + C_n^{12} + \cdots + C_n^h = 2^{\frac{n}{2}-1}.\cos\left(\frac{n\pi}{4}\right) + 2^{n-2}$$

em que h é o maior múltiplo de 4 que é menor ou igual a n.

Utilizando um raciocínio análogo, pode-se encontrar a expressão reduzida para a soma

$$C_n^1 + C_n^5 + C_n^9 + C_n^{13} + C_n^{17} + \cdots + C_n^p$$

com p inteiro positivo tal que $p = 4m + 1 \leq n$, para m também inteiro positivo.

Agora paira outra pergunta no ar: 'E se fosse um somatório binomial que tivesse um ciclo de 3?'. Para responder essa pergunta, são analisados problemas resolvidos para ciclo de 2 (1 e -1 que são equivalentes a i^0 e i^2) e com ciclo de 4 (1, i, -1 e $-i$ que são equivalentes a i^0, i^1, i^2 e i^3).

Portanto, se quiser encontrar uma equação reduzida de um somatório binomial com ciclo 3, como $C_n^0 + C_n^3 + C_n^6 + C_n^9 + C_n^{12} + \cdots + C_n^t$ (t maior múltiplo de $3 \leq n$) por exemplo, é necessário valores que dividam o ciclo trigonométrico em quantidade igual ao ciclo desejado. Ou seja, para um somatório binomial de ciclo 3 tem-se de usar os valores de forma que suas potências, com expoente múltiplo de 3, sejam iguais, isto é, $x^0 = x^3 = x^6 = x^9 = x^{12} = \cdots$. Assim, se $1 = x^3 \Rightarrow x = \cos\frac{2k\pi}{3} + i.\operatorname{sen}\frac{2k\pi}{3}$. Desse modo, para encontrar a equação reduzida para n ciclos faz-se $x = \cos\frac{2k\pi}{n} + i.\operatorname{sen}\frac{2k\pi}{n}$, assim é encontrado um valor do argumento de um complexo na forma trigonométrica que satisfaça a quantidade de ciclos que se desejar.

Com o intuito de incentivar o leitor a praticar a resolução da aplicação em somatórios, é indicado resolver esses dois somatórios.

1. $C_n^0 + C_n^3 + C_n^6 + C_n^9 + C_n^{12} + \cdots$

2. $C_n^1 + C_n^4 + C_n^7 + C_n^{10} + C_n^{13} + \cdots$

4.3 Figuras Regulares Planas por Meio de Raízes de Complexos

Algo também muito interessante é a representação no plano de Argand-Gauss das raízes $n - ésimas$ de um número complexo, pois os vetores formam figuras regulares planas, em que a quantidade de raízes é igual ao número vértices.

Para checar o que foi afirmado, há de relembrar alguns resultados.

O Teorema Fundamental da Álgebra (Subcapítulo 3.2) afirma que qualquer polinômio $p(z)$ com coeficientes complexos de uma variável de grau $n > 0$ tem alguma raiz complexa e, em consequência, possui exatamente n raízes não necessariamente distintas. Outro fato é que, a equação $x^n = a$ tem n raízes distintas com mesmo módulo.

Também pode ser percebido que o argumento $\frac{\alpha+2k\pi}{n}\ rad$ na fórmula 3.2, para $k = 0,1,\ldots,n-1$, dividem o ciclo trigonométrico em n partes iguais, gerando assim uma figura plana regular de n vértices inscrita em um círculo de raio igual ao módulo das raízes em questão, onde os vértices são as próprias raízes.

Veja, como exemplo, a representação no plano de Argand-Gauss das raízes de $\sqrt[3]{8}$. É de uso frequente dizer que $\sqrt[3]{8} = 2$, mas 2 não é a única raiz dessa raiz cúbica.

Como foi visto, é evidente que calcular $\sqrt[3]{8}$ equivale a resolver a equação $x^3 = 8$. Então, para encontrar todas as raízes da equação, pode ser escrito o número complexo $8 = 8 + 0i = a + bi$ na forma trigonométrica. Para tal, tem-se que seu módulo é $r = \sqrt{8^2 + 0^2} = \sqrt{64} = 8$ e o argumento α é tal que $\operatorname{sen}\alpha = \frac{b}{r} = \frac{0}{8} = 0$ e $\cos\alpha = \frac{a}{r} =$

$\frac{8}{8} = 1$. Assim, $\alpha = 0$ e o complexo 8 pode ser representado como sendo $8(\cos(0) + i.\text{sen}(0))$ em sua forma trigonométrica.

Utilizando a fórmula de De Moivre (equação (23)) tem-se que

$$\sqrt[3]{8} = 2\left(\cos\left(\frac{0 + 2k\pi}{3}\right) + i.\text{sen}\left(\frac{0 + 2k\pi}{3}\right)\right) \tag{37}$$

Substituindo os valores de $k = 0{,}1$, e 2 na equação (37), respectivamente, tem-se as raízes

- $\sqrt[3]{8} = 2(\cos(0) + i.\text{sen}(0)) = 2(1 + 0i) = 2$
- $\sqrt[3]{8} = 2\left(\cos\left(\frac{2\pi}{3}\right) + i.\text{sen}\left(\frac{2\pi}{3}\right)\right) = 2\left(-\frac{1}{2} + \frac{\sqrt{3}}{2}i\right) = -1 + \sqrt[3]{3}i$
- $\sqrt[3]{8} = 2\left(\cos\left(\frac{4\pi}{3}\right) + i.\text{sen}\left(\frac{4\pi}{3}\right)\right) = 2\left(-\frac{1}{2} - \frac{\sqrt{3}}{2}i\right) = -1 - \sqrt[3]{3}i$

Então para as raízes 2, $-1 + \sqrt[3]{3}i$ e $-1 - \sqrt[3]{3}i$ tem-se um triângulo equilátero inscrito em um círculo de raio igual a 2, conforme a Figura 11.

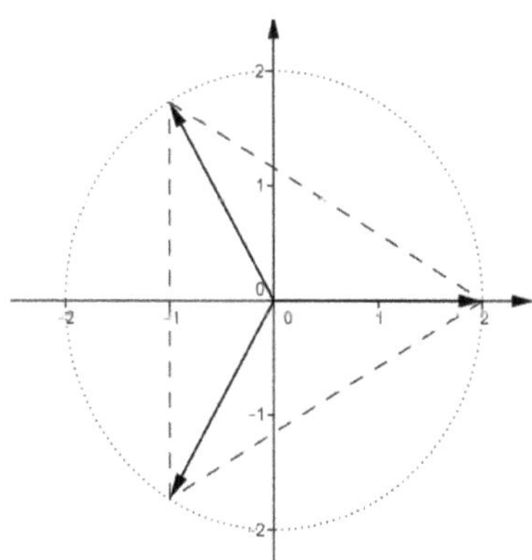

Figura 11 - Triângulo formado pelas 3 raízes de $\sqrt[3]{8}$

Agora, um outro exemplo, em que é preciso calcular $\sqrt[4]{-8 - 8\sqrt{3}.i}$. A expressão $\sqrt[4]{-8 - 8\sqrt{3}.i}$ que é equivalente a

$x^4 = -8 - 8\sqrt{3}.i$. O número complexo $-8 - 8\sqrt{3}.i$ tem módulo $r = 16$ e argumento $\alpha = \frac{4\pi}{3}$. Logo suas raízes são

- $k = 0 \longrightarrow \sqrt[4]{-8 - 8\sqrt{3}.i} = 1 + \sqrt{3}.i$
- $k = 1 \longrightarrow \sqrt[4]{-8 - 8\sqrt{3}.i} = -\sqrt{3} + i$
- $k = 2 \longrightarrow \sqrt[4]{-8 - 8\sqrt{3}.i} = -1 - \sqrt{3}.i$
- $k = 3 \longrightarrow \sqrt[4]{-8 - 8\sqrt{3}.i} = \sqrt{3} - i$

E na representação no plano de Argand-Gauss tem-se um quadrado inscrito em um círculo de raio igual a 2, conforme a Figura 12.

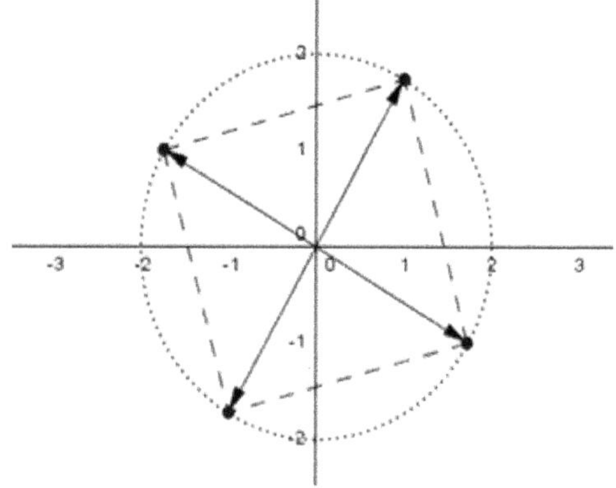

Figura 12 - Quadrado formado pelas 4 raízes de $\sqrt[4]{-8 + 8\sqrt{3}.i}$

Essa representação pode contribuir com a formação de figuras planas na geometria analítica, podendo se achar as coordenadas de qualquer figura regular plana e de qualquer tamanho, visto que todas as figuras representadas estarão inscritas em um círculo de raio igual a $\sqrt[n]{r}$, isto é, o raio do círculo tem raio igual a raiz $n - ésima$ do módulo do complexo dado.

Por fim, os exercícios para o leitor praticar a resolução da aplicação figuras regulares planas, são apresentados dois radicais.

1. $\sqrt[5]{32}$
2. $\sqrt[10]{1024}$

4.4 LUGARES GEOMÉTRICOS

Um lugar geométrico consiste no conjunto de pontos que gozam de uma específica propriedade matemática qualquer. Podem ser lugares geométricos curvas, superfícies e outras variedades quaisquer.

4.4.1 MEDIATRIZ

Tendo a noção do que seja um lugar geométrico, há de analisar o significado da equação $|z-1| = |z+2|$, pode-se perceber que $|z-1|$ e $|z+2|$ são distâncias entre dois números complexos e que essas distâncias são iguais. Porém o complexo z não está definido. Podemor então concluir que a equação representa o conjunto de pontos que são equidistantes dos complexos 1 e -2, ou seja, a equação representa a mediatriz entre os complexos acima citados (Figura 13). Verificando analiticamente, considerando $z = x + yi$, obtém-se $|z-1| = |x+yi-1| = \sqrt{(x-1)^2+(y)^2}$ e $|z+2| = |x+yi+2| = \sqrt{(x+2)^2+(y)^2}$, portanto fazendo a igualdade $\sqrt{(x-1)^2+(y)^2} = \sqrt{(x+2)^2+(y)^2}$ que fazendo alguns cálculos algébricos, tem-se $x = -\frac{1}{2}$.

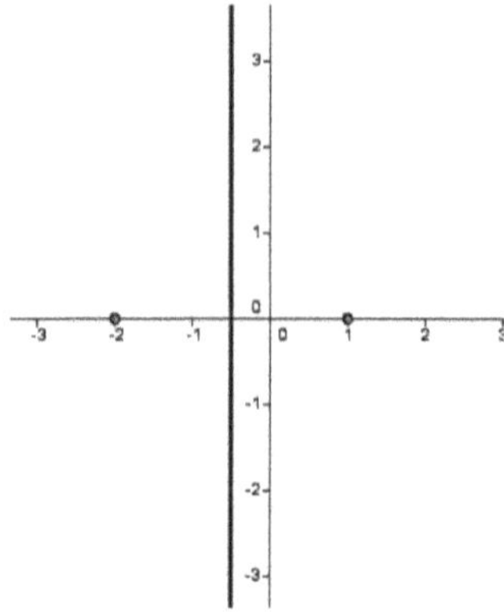

Figura 13 - Mediatriz representada pela equação $|z-1| = |z+2|$

Portanto pode ser generalizado que conjunto dado por $|z - z_1| = |z - z_2| \text{ com } z_1, z_2 \in \mathbb{C}$ representa todos os pontos tais que a sua distância ao complexo z_1 é igual à sua distância ao complexo z_2. O lugar geométrico acima é exatamente a definição de uma reta mediatriz do segmento que liga z_1 e z_2. Como mostra a Figura 14.

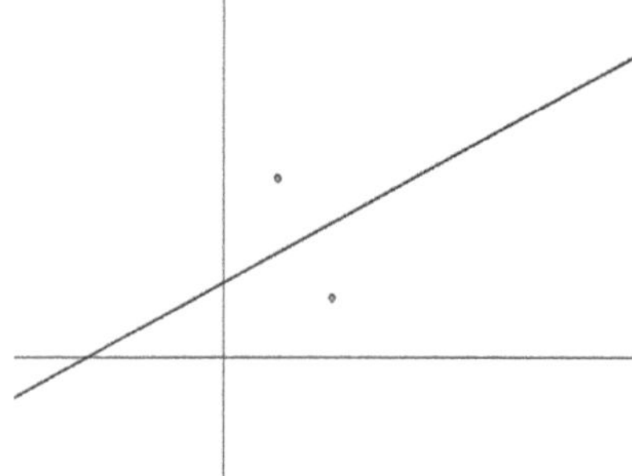

Figura 14 - Representação da mediatriz dos pontos z_1 e z_2

Agora, os exercícios para o leitor praticar a resolução da aplicação em lugares geométricos, são deixados esses dois exercícios para obtenção da equação reduzida da mediatriz.

1. $|z-3| = |z-2i|$

2. $|z - 1 - 2i| = |z + 2 + 2i|$

4.4.2 CIRCUNFERÊNCIA

Agora fazendo uma análise da equação $|z - 2| = 3$, pode ser percebido que $|z - 2|$ é uma distância entre dois números complexos e o valor de 3 é a medida da distância entre esses dois complexos. Porém o complexo z não está definido e o complexo 2 está definido. Pode-se então concluir que a distância de um ponto fixo, que no caso é o complexo 2, é sempre constante, que no caso é 3. Portanto, percebe-se que o lugar geométrico da equação $|z - 2| = 3$ representa uma circunferência de centro (2,0) e raio 3.

Para uma verificação analítica, considere o complexo $z = x + yi$, desse modo obtém-se $|z - 2| = |x + yi - 2| = \sqrt{(x-2)^2 + (y)^2} = 3$, que é o mesmo que $(x-2)^2 + (y)^2 = 3^2$. Que corresponde a uma equação de circunferência onde, como era previsto, tem centro (2,0) e raio 3, que pode ser conferido na Figura 15.

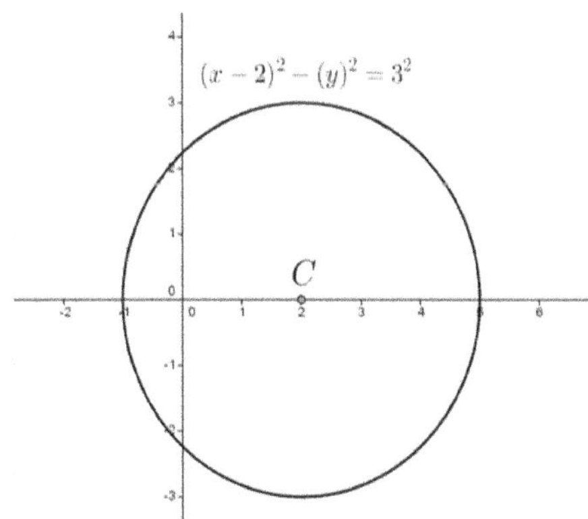

Figura 15 – Representação da circunferência de Centro (2,0) e Raio 3

Então, generalizando, tem-se que conjunto dado por: $z = \{|z - z_1| = r, \text{com } z_1 \in \mathbb{C}, r \in \mathbb{R}\}$ é o conjunto de todos os pontos onde suas distancias ao complexo a é constante e vale r. Pois considerando $z = x + yi$ e $z_1 = a + bi$, tem-se

$$|z - z_1| = |x + yi - a - bi|$$

$$= |x - a + (y - b)i|$$

$$= \sqrt{(x - a)^2 + (y - b)^2}$$

$$|z - z_1| = r$$

Portanto $(x - a)^2 + (y - b)^2 = r^2$, que é a equação reduzida da circunferência. Conforme a Figura 16.

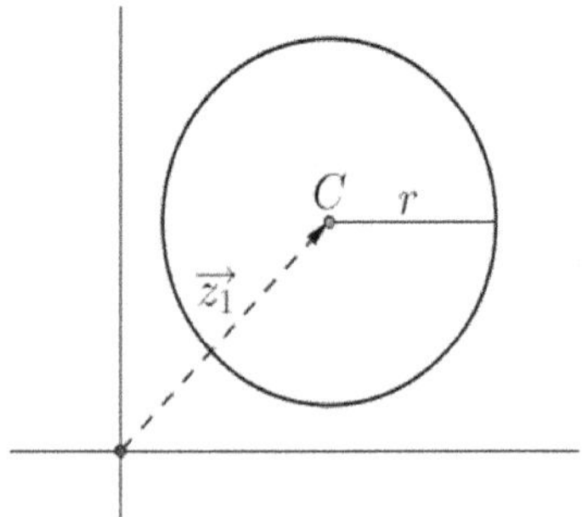

Figura 16 - Representação da circunferência de Centro C e Raio r

A seguir, os exercícios para o leitor praticar a resolução da aplicação em lugares geométricos para obtenção da circunferência.

1. $|z - 2i| = 1$
2. $|z - 1 - 2i| = 2$

4.4.3 ELIPSE

Considere o conjunto dado por $|z-2|+|z+2|=8$. Representa todos os pontos cuja soma de suas distancias a dois pontos fixos é igual 8. O lugar geométrico descrito é a definição de elipse com focos nos complexos (-2,0) e (2,0). Fazendo uma verificação analítica tem-se que

$$|z-2|+|z+2|=|x+yi-2|+|x+yi+2|$$

$$|z-2|+|z+2|=\sqrt{(x-2)^2+y^2}+\sqrt{(x+2)^2+y^2}$$

$$|z-2|+|z+2|=\ 8$$

que fazendo uma manipulação algébrica, obtém-se

$$\sqrt{(x+2)^2+y^2}=\ 8-\sqrt{(x-2)^2+y^2}$$

elevando ambos os membros ao quadrado

$$(x+2)^2+y^2=64-16\sqrt{(x-2)^2+y^2}+(x-2)^2+y^2$$

resolvendo os quadrados externos à radiciação

$$x^2+4x+4+y^2=64-16\sqrt{(x-2)^2+y^2}+x^2-4x+4+y^2$$

simplificando os termos iguais e dividindo ambos os membros por 8

$$4x=64-16\sqrt{(x-2)^2+y^2}-4x$$

$$8x=64-16\sqrt{(x-2)^2+y^2}$$

$$2\sqrt{(x-2)^2+y^2}=8-x$$

elevando novamente os membros ao quadrado

$$4((x-2)^2+y^2)=(8-x)^2$$

$$4(x^2 - 4x + 4 + y^2) = 64 - 16x + x^2$$

$$4x^2 - 16x + 16 + 4y^2 = 64 - 16x + x^2$$

$$3x^2 + 4y^2 = 48$$

que dividindo ambos os membros por 48

$$\frac{3x^2}{48} + \frac{4y^2}{48} = \frac{48}{48}$$

$$\frac{x^2}{16} + \frac{y^2}{12} = 1$$

mais precisamente

$$\frac{x^2}{4^2} + \frac{y^2}{\left(2\sqrt{3}\right)^2} = 1$$

que é a equação reduzida da elipse pretendida, de acordo com a Figura 17.

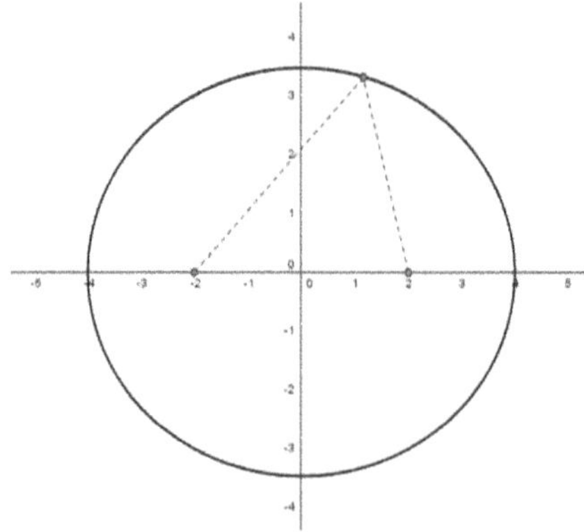

Figura 17 - Representação da elipse de focos $(-2{,}0)$ e $(2{,}0)$, $a = 4$, $b = 2\sqrt{3}$ e $c = 2$

Geralmente, o conjunto $|z-c|+|z+c|=2a,$ com $c,a\in\mathbb{R}$ pode ser considerado uma elipse com focos na horizontal, considerando $z=a+bi$ tem-se

$$|z-c|+|z+c|=|x+yi-c|+|x+yi+c|$$

$$|z-c|+|z+c|=\sqrt{(x-c)^2+y^2}+\sqrt{(x+c)^2+y^2}a$$

$$|z-c|+|z+c|=\ 2a$$

que fazendo uma manipulação algébrica, obtém-se

$$\sqrt{(x+c)^2+y^2}=\ 2a-\sqrt{(x-c)^2+y^2}$$

elevando ambos os membros ao quadrado

$$(x+c)^2+y^2=\ 4a^2-4a\sqrt{(x-c)^2+y^2}+(x-c)^2+y^2$$

resolvendo os quadrados externos à radiciação

$$x^2+2cx+c^2+y^2$$
$$=4a^2-4a\sqrt{(x-c)^2+y^2}+x^2-2cx+c^2+y^2$$

simplificando os termos iguais e dividindo ambos os membros por 4

$$2cx=4a^2-4a\sqrt{(x-c)^2+y^2}-2cx$$

$$2cx+2cx=4a^2-4a\sqrt{(x-c)^2+y^2}$$

$$a\sqrt{(x-c)^2+y^2}=a^2-cx$$

elevando novamente os membros ao quadrado e fazendo algumas manipulações

$$a^2((x-c)^2+y^2)=(a^2-cx)^2$$

$$a^2(x^2-2cx+c^2+y^2)=a^4-2a^2cx+c^2x^2$$

$$a^2x^2 - 2a^2cx + a^2c^2 + a^2y^2 = a^4 - 2a^2cx + c^2x^2$$

simplificando o termo $-2a^2cx$ e fazendo manipulações algébricas convenientes

$$a^2x^2 + a^2c^2 + a^2y^2 = a^4 + c^2x^2$$

$$a^2x^2 - c^2x^2 + a^2y^2 = a^4 - a^2c^2$$

$$x^2(a^2 - c^2) + a^2y^2 = a^2(a^2 - c^2)$$

do teorema de Pitágoras $a^2 = b^2 + c^2 \rightarrow b^2 = a^2 - c^2$ e substituindo

$$b^2x^2 + a^2y^2 = a^2b^2$$

dividindo ambos os termos por a^2b^2

$$\frac{b^2x^2}{a^2b^2} + \frac{a^2y^2}{a^2b^2} = \frac{a^2b^2}{a^2b^2}$$

finalmente chega-se à equação reduzida da elipse

$$\frac{x^2}{a^2} + \frac{y^2}{b^2} = 1$$

Que pode ser observado na Figura 18.

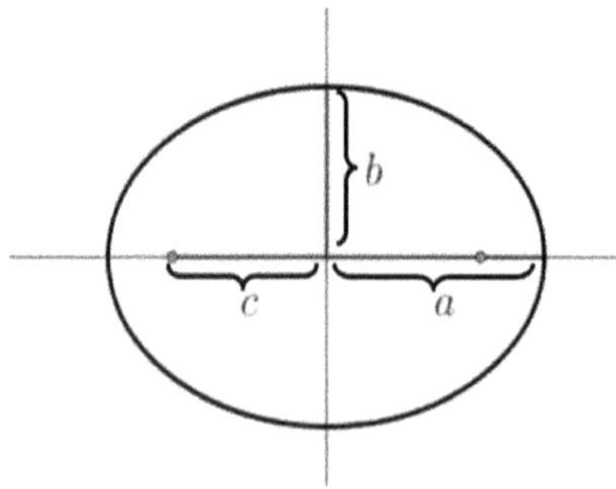

Figura 18 - Representação da elipse de focos $(-c, 0)$ e $(c, 0)$

Para a equação reduzida da elipse com focos na vertical, há de considerar o conjunto $|z - ci| + |z + ci| = 2a$, com $c, a \in \mathbb{R}$, considerando $z = a + bi$, tem-se

$$|z - ci| + |z + ci| = |x + yi - ci| + |x + yi + ci|$$

$$|z - ci| + |z + ci| = \sqrt{x^2 + (y - c)^2} + \sqrt{x^2 + (y + c)^2}$$

$$|z - ci| + |z + ci| = 2a$$

que fazendo uma manipulação algébrica, obtém-se

$$\sqrt{x^2 + (y + c)^2} = 2a - \sqrt{x^2 + (y - c)^2}$$

elevando ambos os membros ao quadrado

$$x^2 + (y + c)^2 = 4a^2 - 4a\sqrt{x^2 + (y - c)^2} + x^2 + (y - c)^2$$

resolvendo os quadrados externos à radiciação

$$x^2 + y^2 + 2cy + c^2 = 4a^2 - 4a\sqrt{x^2 + (y - c)^2} + x^2 + y^2 - 2cy + c^2$$

simplificando os termos iguais e dividindo ambos os membros por 4

$$2cy = 4a^2 - 4a\sqrt{x^2 + (y - c)^2} - 2cy$$

$$2cx + 2cx = 4a^2 - 4a\sqrt{x^2 + (y - c)^2}$$

$$a\sqrt{x^2 + (y - c)^2} = a^2 - cy$$

elevando novamente os membros ao quadrado e fazendo algumas manipulações

$$a^2(x^2 + (y - c)^2) = (a^2 - cy)^2$$

$$a^2(x^2 + y^2 - 2cy + c^2) = a^4 - 2a^2cy + c^2y^2$$

$$a^2x^2 + a^2y^2 - 2a^2cy + a^2c^2 = a^4 - 2a^2cy + c^2y^2$$

simplificando o termo $-2a^2cy$ e fazendo manipulações algébricas convenientes

$$a^2y^2 + a^2c^2 + a^2x^2 = a^4 + c^2y^2$$

$$a^2y^2 - c^2y^2 + a^2x^2 = a^4 - a^2c^2$$

$$y^2(a^2 - c^2) + a^2x^2 = a^2(a^2 - c^2)$$

do teorema de Pitágoras $a^2 = b^2 + c^2 \rightarrow b^2 = a^2 - c^2$ e substituindo

$$b^2y^2 + a^2x^2 = a^2b^2$$

dividindo ambos os termos por a^2b^2

$$\frac{b^2y^2}{a^2b^2} + \frac{a^2x^2}{a^2b^2} = \frac{a^2b^2}{a^2b^2}$$

finalmente chega-se à equação reduzida da elipse

$$\frac{y^2}{a^2} + \frac{x^2}{b^2} = 1$$

Que pode ser observada na Figura 18.

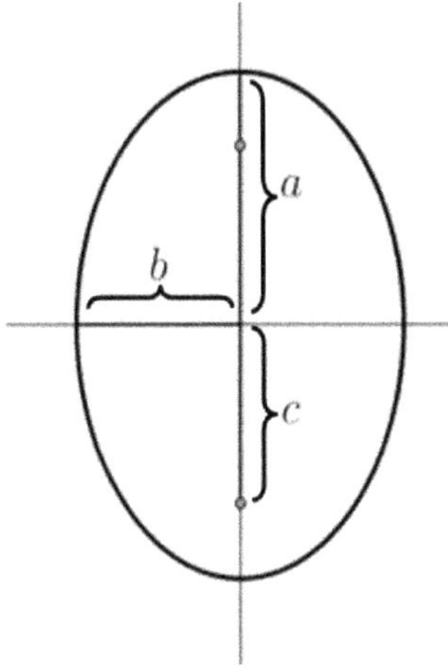

Figura 19 - Representação da elipse de focos $(0,-c)$ e $(0,c)$

Estes são os exercícios para o leitor praticar a resolução da aplicação em lugares geométricos, obtenção da elipse.

1. $|z-1|+|z+1|=4$
2. $|z-2i|+|z+2i|=6$

4.4.4 HIPÉRBOLE

Nesse momento, considere o conjunto dado por $|z+2|-|z-2|=2$ que representa todos os pontos onde o módulo das diferenças de suas distâncias a dois pontos fixos é constante. O lugar geométrico descrito é a definição de hipérbole com focos nos complexos $(-2,0)$ e $(2,0)$.

$$|z+2|-|z-2|=|x+yi+2|-|x+yi-2|$$

$$|z+2|-|z-2|=\sqrt{(x+2)^2+y^2}-\sqrt{(x-2)^2+y^2}$$

$$|z+2|-|z-2|=2$$

que fazendo uma manipulação algébrica, obtém-se

$$\sqrt{(x+2)^2+y^2}=\sqrt{(x-2)^2+y^2}+2$$

elevando ambos os membros ao quadrado

$$(x+2)^2+y^2=(x-2)^2+y^2+4\sqrt{(x-2)^2+y^2}+4$$

resolvendo os quadrados externos à radiciação

$$x^2+4x+4+y^2=x^2-4x+4+y^2+4\sqrt{(x-2)^2+y^2}+4$$

simplificando os termos iguais e dividindo ambos os membros por 4

$$4x=-4x+4\sqrt{(x-2)^2+y^2}+4$$

$$8x-4=4\sqrt{(x-2)^2+y^2}$$

$$2x-1=\sqrt{(x-2)^2+y^2}$$

elevando novamente os membros ao quadrado e fazendo algumas manipulações

$$(2x-1)^2=(x-2)^2+y^2$$

$$4x^2-4x+1=x^2-4x+4+y^2$$

$$4x^2+1=x^2+4+y^2$$

$$3x^2-y^2=3$$

dividindo todos os termos por 3

$$\frac{3x^2}{3}-\frac{y^2}{3}=\frac{3}{3}$$

finalmente obtém-se

$$\frac{x^2}{1} - \frac{y^2}{3} = 1$$

que é a equação reduzida da elipse pretendida, de acordo com a Figura 20.

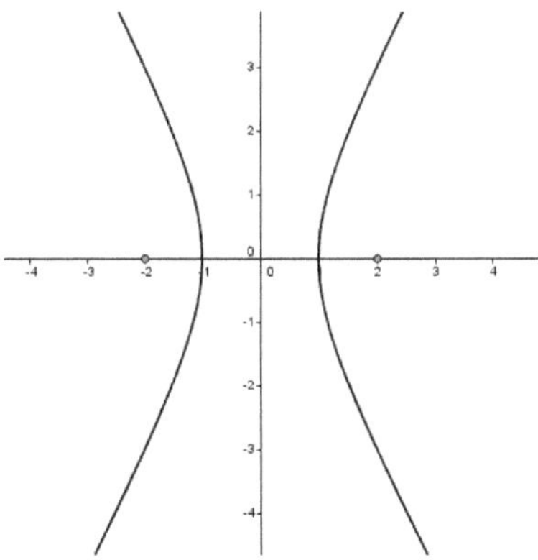

Figura 20 - Representação da hipérbole de focos $(-2,0)$ e $(2,0)$, $a = 1$, $b = \sqrt{3}$ e $c = 2$

Para generalizar a equação da hipérbole com focos horizontais, pode considerar o conjunto $\left||z + c| - |z - c|\right| = \pm 2a$ com $c, a \in \mathbb{R}$ e considerando $z = a + bi$ tem-se

$$\left||z + c| - |z - c|\right| = \left||x + yi + c| - |x + yi - c|\right| = \pm\, 2a$$

$$\sqrt{(x + c)^2 + y^2} - \sqrt{(x - c)^2 + y^2} = \pm\, 2a$$

$$\sqrt{(x + c)^2 + y^2} = \sqrt{(x - c)^2 + y^2} \pm\, 2a$$

elevando ambos os membros ao quadrado

$$(x + c)^2 + y^2 = (x - c)^2 + y^2 \pm\, 4a\sqrt{(x - c)^2 + y^2} + 4a^2$$

resolvendo as potenciações externas à radiciação e efetuando algumas manipulações

$$x^2+2cx+c^2+y^2$$
$$=x^2-2cx+c^2+y^2\pm\ 4a\sqrt{(x-c)^2+y^2}+4a^2$$

$$2cx=-2cx\pm\ 4a\sqrt{(x-c)^2+y^2}+4a^2$$

$$4cx-4a^2=\pm\ 4a\sqrt{(x-c)^2+y^2}$$

dividindo ambos os membros por 4

$$cx-a^2=\pm\ a\sqrt{(x-c)^2+y^2}$$

elevando novamente ambos os membros ao quadrado e posteriormente efetuando algumas manipulações algébricas

$$(cx-a^2)^2=\ a^2((x-c)^2+y^2)$$

$$(cx-a^2)^2=\ a^2(x^2-2cx+c^2+y^2)$$

$$c^2x^2-2a^2cx+a^4=\ a^2x^2-2a^2cx+a^2c^2+a^2y^2$$

simplificando o termo $-2a^2cx$ dos lados da equação

$$c^2x^2+a^4=\ a^2x^2+a^2c^2+a^2y^2$$

$$c^2x^2-a^2x^2-a^2y^2=\ a^2c^2-a^4$$

$$x^2(c^2-a^2)-a^2y^2=\ a^2(c^2-a^2)$$

$$x^2b^2-a^2y^2=\ a^2b^2$$

dividindo a equação por a^2b^2

$$\frac{x^2b^2}{a^2b^2}-\frac{a^2y^2}{a^2b^2}=\frac{a^2b^2}{a^2b^2}$$

finalmente é obtida a equação reduzida da hipérbole com focos na horizontal

$$\frac{x^2}{a^2} - \frac{y^2}{b^2} = 1$$

conforme Figura 21,

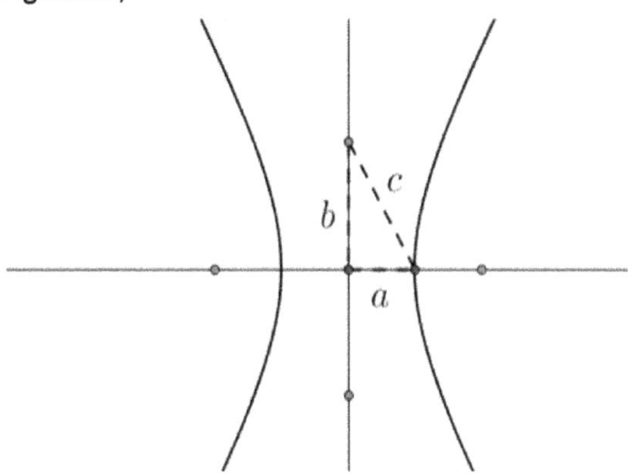

Figura 21- Representação da hipérbole de focos $(-c, 0)$ e $(c, 0)$

Para generalizar a equação da hipérbole com focos na vertical, basta considerar o conjunto $\left||z + c.i| - |z - c.i|\right| = 2a$ com $c \in \mathbb{C}, a \in \mathbb{R}$, também considerando $z = a + bi$ e procedendo de modo análogo (e mais resumido) tem-se

$$\left||z + ci| - |z - ci|\right| = \left||x + yi + ci| - |x + yi - ci|\right| = \pm\, 2a$$

$$\sqrt{x^2 + (y + c)^2} - \sqrt{x^2 + (y - c)^2} = \pm\, 2a$$

$$\sqrt{x^2 + (y + c)^2} = \pm\, 2a + \sqrt{x^2 + (y - c)^2}$$

elevando a os membros da equação ao quadrado e fazendo algumas manipulações algébricas

$$(cy - a^2)^2 = a^2(x^2 + (y - c)^2)$$

$$(cy - a^2)^2 = a^2(x^2 + y^2 - 2yx + c^2)$$

$$c^2y^2 + a^4 = a^2x^2 + a^2c^2 + a^2y^2$$

$$c^2y^2 - a^2y^2 - a^2x^2 = a^2c^2 - a^4$$

$$y^2(c^2 - a^2) - a^2x^2 = a^2(c^2 - a^2)$$

$$y^2b^2 - a^2x^2 = a^2b^2$$

finalmente é obtida a equação reduzida da hipérbole com focos na vertical

$$\frac{y^2}{a^2} - \frac{x^2}{b^2} = 1$$

que pode ser representado na Figura 22,

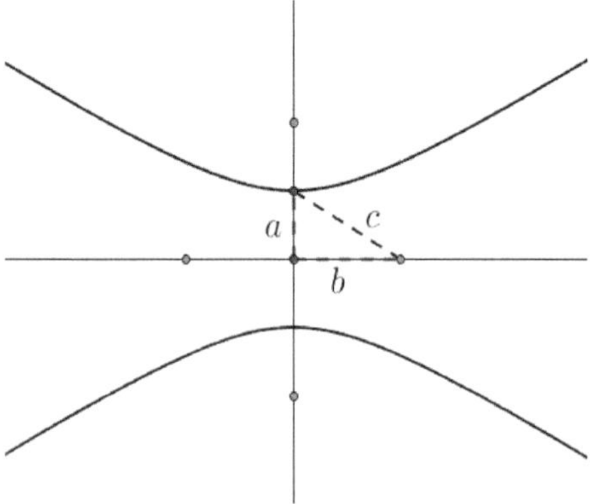

Figura 22 - Representação da hipérbole de focos $(0, -c)$ e $(0, c)$

Por fim, estes são os exercícios para o leitor praticar a resolução da aplicação em lugares geométricos para obtenção da hipérbole.

1. $|z + 3| - |z - 3| = 4$

2. $|z - 2i| - |z + 2i| = 6$

4.4.5 PARÁBOLA

Para finalizar as aplicações dos números complexos em lugares geométricos, é analisado o sentido de $|z - 1| = |\text{Re}\{z\} + 1|$, em que pode ser percebido que $|z - 1|$ é uma distância entre dois números complexos onde somente um deles está definido. Antes do sentido de $|\text{Re}\{z\} + 1|$ ser verificado, pode-se perceber que $\text{Re}\{z\}$ representa uma reta vertical de abscissa igual ao complexo z não definido, logo pode-se perceber o sentido de $|\text{Re}\{z\} + 1|$ como sendo a medida da distância entre um complexo definido e uma reta vertical que é denominada de diretriz. Portanto pode ser concluído que o lugar geométrico da equação $|z - 1| = |\text{Re}\{z\} + 1|$ representa uma parábola com foco na horizontal e parâmetro $p = 2$.

Para uma verificação analítica, considere o complexo $z = x + yi$ para a equação $|z - 1| = |\text{Re}\{z\} + 1|$, desse modo obtém-se

$$|x + yi - 4| = |\text{x} + 4|$$

elevando os lados da equação ao quadrado

$$\left(\sqrt{(x-1)^2 + y^2}\right)^2 = \left(\sqrt{(x+1)^2}\right)^2$$

$$(x-1)^2 + y^2 = (x+1)^2$$

$$x^2 - 2x + 1 + y^2 = x^2 + 2x + 1$$

$$-2x + y^2 = 2x$$

e, finalmente obtém-se

$$y^2 = 4x$$

que é a equação reduzida da parábola pretendida, de acordo com a Figura 23.

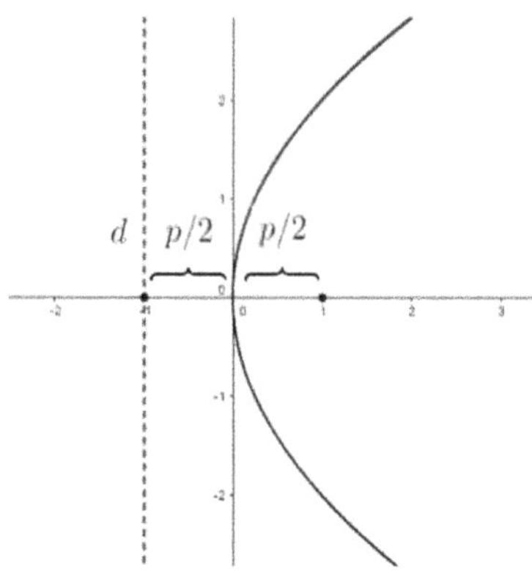

Figura 23 - Representação da circunferência de Diretriz $x = -1$ e Parâmetro 2

Para generalizar a equação da parábola com foco na horizontal, basta considerar o conjunto dos pontos $|z - a| = |\text{Re}\{z\} + a|$, com , $a \in \mathbb{R}$, considerando $z = a + bi$ é obtido

$$|x + yi - a| = |x + a|$$

$$\sqrt{(x - a)^2 + y^2} = \sqrt{(x + a)^2}$$

elevando os membros da equação ao quadrado e fazendo simples manipulações algébricas, tem-se

$$(x - a)^2 + y^2 = (x + a)^2$$

$$x^2 - 2ax + a^2 + y^2 = x^2 + 2ax + a^2$$

$$-2ax + y^2 = 2ax$$

e, finalmente obtém-se a equação reduzida da parábola com foco na horizontal

$$y^2 = 4ax$$

sendo $a = \frac{p}{2}$, onde p é o parâmetro da parábola, conforme a Figura 24.

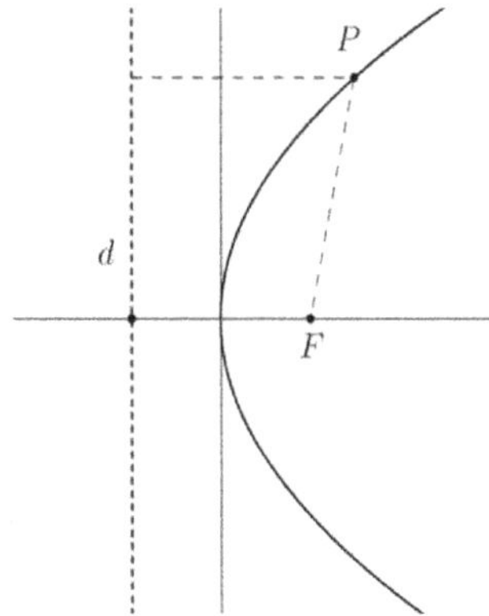

Figura 24 - Representação da parábola de Diretriz d e Foco $(c, 0)$

Para generalizar a equação da parábola com foco na vertical, basta considerar o conjunto dos pontos $|z - ai| = |\mathrm{Im}\{z\} + ai|$ com $ai \in \mathbb{C} - \mathbb{R}$, considerando $z = a + bi$ e $z = a + bi$, e procedendo de modo análogo, obtém-se

$$|x + yi - ai| = |yi + ai|$$

$$|x + (y - a)i| = |(y + a)i|$$

$$\sqrt{x^2 + (y - a)^2} = \sqrt{(y + a)^2}$$

elevando os membros da equação ao quadrado e fazendo simples manipulações algébricas, tem-se

$$x^2 + (y - a)^2 = (y + a)^2$$

$$-2ay + x^2 = 2ay$$

e, finalmente obtém-se a equação reduzida da parábola com foco na vertical

$$x^2 = 4ay$$

sendo $a = \frac{p}{2}$, onde p é o parâmetro da parábola, conforme a Figura 25.

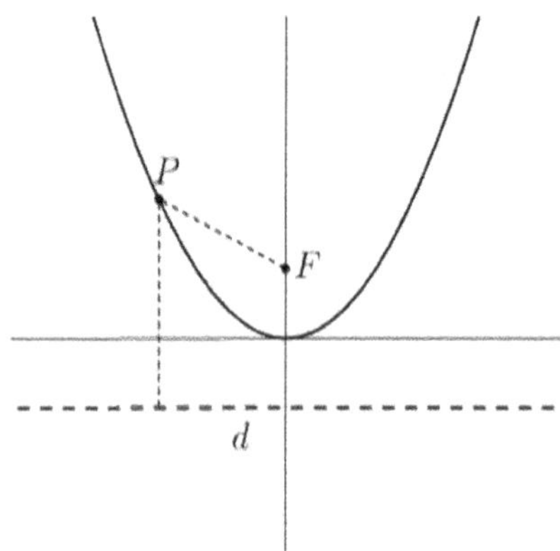

Figura 25 - Representação da parábola de Diretriz d e Foco $(0, c)$

Os exercícios para o leitor praticar a resolução da aplicação em lugares geométricos para obtenção da parábola, estão a seguir.

1. $|z - 2| = |\text{Re}\{z\} + 2|$
2. $|z - 1i| = |\text{Im}\{z\} + 1i|$

4.5 ROTAÇÕES DE VETORES

Nessa seção é feito um estudo sobre aplicações referentes aos números complexos na rotação de vetores em duas dimensões, um dos tópicos estudados em Geometria Analítica. Serão propostos e solucionados problemas onde se poderá chegar ao resultado através da utilização dos números complexos, o que não quer dizer que os números complexos são a única maneira de se chegar ao resultado, podendo haver outras formas de alcançá-lo através de diferentes ferramentas. São utilizadas as notações $a + bi$ e (a, b) sem distinção para representar os números complexos ou coordenadas de um ponto específico.

A multiplicação entre números complexos gera uma rotação seguida da multiplicação por um escalar. Para exemplificar, tome $z_1 = 1 + \sqrt{3}i$ e $z_2 = \sqrt{3} + 1i$. A multiplicação desses dois números é $z_1.z_2 = (1 + \sqrt{3}i)(\sqrt{3} + 1i) = \sqrt{3} + i + 3i - \sqrt{3} = 4i$, como pode ser observado na Figura 26.

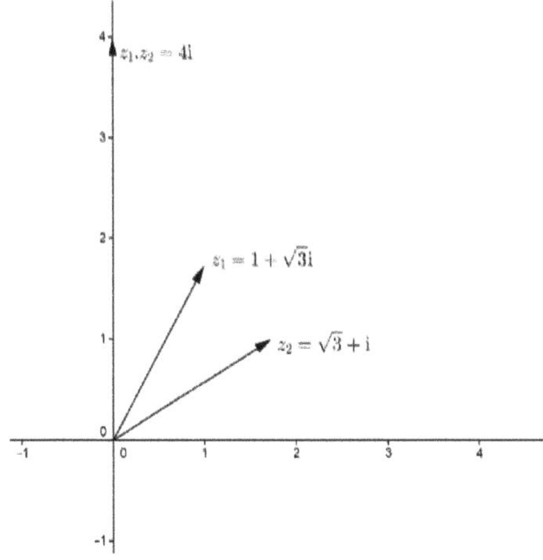

Figura 26 - Produto Algébrico entre z_1 e z_2 no Plano de Argand-Gauss

Para uma melhor interpretação do leitor, é realizada a mesma multiplicação na forma trigonométrica. Pois, é mostrado o efeito da rotação e multiplicação por escalar. Primeiramente, observa-se que os módulos de z_1 e z_2 são iguais e dados por

$$|z_1| = |z_2| = \sqrt{1^2 + \left(\sqrt{3}\right)^2} = \sqrt{1+3} = \sqrt{4} = 2$$

Em seguida, para obter o argumento de cada um dos complexos, pode ser observado que

$$\operatorname{sen}\theta_{z_1} = \frac{\sqrt{3}}{2}, \qquad \cos\theta_{z_1} = \frac{1}{2}, \qquad \operatorname{sen}\theta_{z_2} = \frac{1}{2}, \qquad \cos\theta_{z_2} = \frac{\sqrt{3}}{2},$$

logo $\theta_{z_1} = \frac{\pi}{3}$ e $\theta_{z_2} = \frac{\pi}{6}$.

Fazendo a multiplicação na forma trigonométrica de z_1 e z_2 por meio da fórmula $z_1.z_2 = |z_1|.|z_2|\left(\cos\left(\theta_{z_1} + \theta_{z_2}\right) + i.\operatorname{sen}\left(\theta_{z_1} + \theta_{z_2}\right)\right)$, obtém-se, substituindo os valores correspondentes, $z_1.z_2 = 2^2\left(\cos\left(\frac{\pi}{3} + \frac{\pi}{6}\right) + i.\operatorname{sen}\left(\frac{\pi}{3} + \frac{\pi}{6}\right)\right)$. Portanto, $z_1.z_2$ significa z_1 multiplicado pelo módulo de z_2 seguido de uma rotação pelo argumento de z_2, rotação obtida pela soma dos argumentos de z_1 e z_2. Observe a Figura 27.

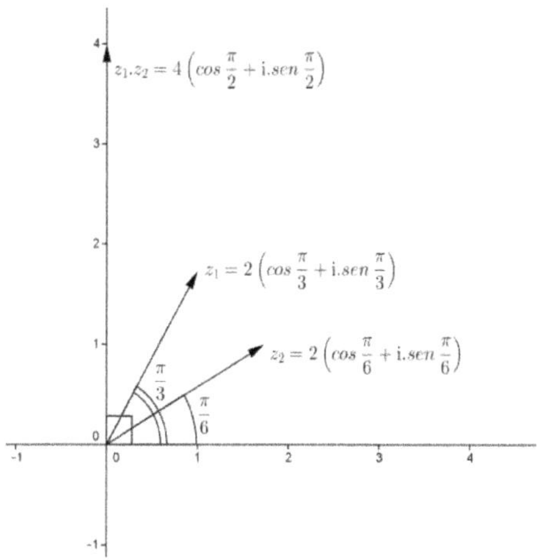

Figura 27 - Produto Trigonométrico entre z_1 e z_2 no Plano de Argand-Gauss

Como foi visto, no início desta seção, a multiplicação entre números complexos z_1 e z_2 gera uma rotação de z_1 em um ângulo, correspondente ao argumento de z_2, θ_{z_2} seguidopela multiplicação do módulo de z_1 por um escalar, que é o módulo de z_2. Lembrando que é pretendido apenas rotacionar um complexo z_1 (que possui um ângulo θ_{z_1}) de um certo ângulo θ_{z_2} com relação à origem, há de considerar os complexos

$$z_1 = a_1 + b_1 i = |z_1|\left(\cos\theta_{z_1} + i.\operatorname{sen}\theta_{z_1}\right),$$

$$z_2 = a_2 + b_2 i = |z_2|\left(\cos\theta_{z_2} + i.\operatorname{sen}\theta_{z_2}\right),$$

em que

$$a_1 = |z_1|\cos\theta_{z_1}, \quad (38)$$

$$b_1 = |z_1|\operatorname{sen}\theta_{z_1}, \quad (39)$$

$$a_2 = |z_2|\cos\theta_{z_2},$$

$$b_2 = |z_2| \operatorname{sen} \theta_{z_2},$$

Para que haja a rotação por um ângulo θ_{z_2} e o módulo de z_1 se mantenha inalterado, considerando $|z_2| = 1$, conforme Figura 27. Logo, o produto

$$z_3 = z_1 . z_2 = |z_1| \left(\cos\left(\theta_{z_1} + \theta_{z_2}\right) + i . \operatorname{sen}\left(\theta_{z_1} + \theta_{z_2}\right) \right),$$

e com o uso das relações (38) e (39), obtém-se

$$a_3 = |z_1| \cos\left(\theta_{z_1} + \theta_{z_2}\right)$$

$$a_3 = |z_1| \cos \theta_{z_1} \cos \theta_{z_2} - |z_1| \operatorname{sen} \theta_{z_1} \operatorname{sen} \theta_{z_2}$$

$$a_3 = a_1 \cos \theta_{z_2} - b_1 \operatorname{sen} \theta_{z_2}$$

e

$$b_3 = |z_1| \operatorname{sen}\left(\theta_{z_1} + \theta_{z_2}\right)$$

$$b_3 = |z_1| \operatorname{sen} \theta_{z_1} \cos \theta_{z_2} - |z_1| \cos \theta_{z_1} \operatorname{sen} \theta_{z_2}$$

$$b_3 = b_1 \cos \theta_{z_2} - a_1 \operatorname{sen} \theta_{z_2}$$

Pode-se, portanto, definir uma fórmula para a rotação de um número complexo z_1 por um ângulo θ_{z_2} , em termos mais precisos, uma transformação linear, por

$$T(z_1) = T(a_1 + b_1 i)$$

$$= a_1 \cos \theta_{z_2} - b_1 \operatorname{sen} \theta_{z_2} + i . \left(b_1 \cos \theta_{z_2} - a_1 \operatorname{sen} \theta_{z_2}\right)$$

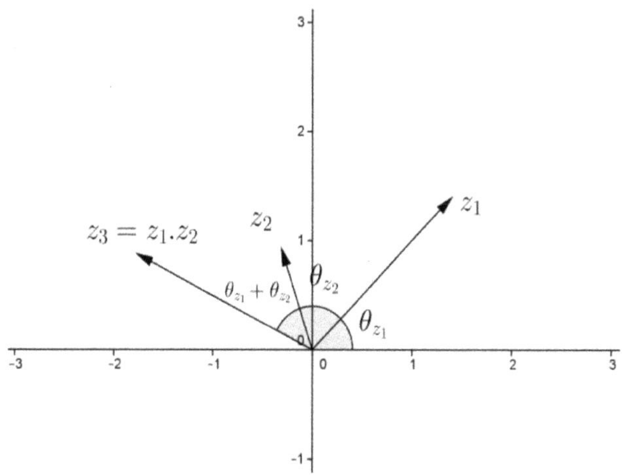

Figura 28 - Rotação de vetores, com $|z_1| = |z_3| = 2$ e $|z_2| = 1$

É comum ser escrita uma transformação linear na forma matricial, assim, é preciso uma notação que associe os números complexos com as matrizes.

Marcio G. Soares (2009), por exemplo, de forma diferenciada, propõe a notação dos números complexos em forma de matriz quadrada de ordem 2. Procura-se encontrar uma solução para a equação matricial

$$X.X = I,$$

em que X é uma matriz quadrada de ordem 2 com coeficientes reais, I é a matriz identidade também de ordem 2 e $(.)$ é o produto de matrizes. A solução é dada por

$$i = \begin{pmatrix} 0 & -1 \\ 1 & 0 \end{pmatrix}$$

que, geometricamente, corresponde a uma rotação de $\frac{\pi}{2}$ rad no plano $\mathbb{R}^2$.

Com a notação matricial tem-se a relação biunívoca $z = a + bi \Leftrightarrow Z = \begin{pmatrix} a & -b \\ b & a \end{pmatrix}$ com $a, b \in \mathbb{R}$. Então, a soma e o produto são definidos, respectivamente, por

1. $Z_1 + Z_2 = \begin{pmatrix} a_1 & -b_1 \\ b_1 & a_1 \end{pmatrix} + \begin{pmatrix} a_2 & -b_2 \\ b_2 & a_2 \end{pmatrix}$

$$= \begin{pmatrix} a_1 + a_2 & -(b_1 + b_2) \\ b_1 + b_2 & a_1 + a_2 \end{pmatrix}$$

2. $Z_1.Z_2 = \begin{pmatrix} a_1 & -b_1 \\ b_1 & a_1 \end{pmatrix}.\begin{pmatrix} a_2 & -b_2 \\ b_2 & a_2 \end{pmatrix}$

$$= \begin{pmatrix} a_1a_2 - b_1b_2 & -(a_1b_2 + a_2b_1) \\ a_1b_2 + a_2b_1 & a_1a_2 - b_1b_2 \end{pmatrix}$$

e possuem as seguintes propriedades;

3. comutatividade para adição e multiplicação, $Z_1 + Z_2 = Z_2 + Z_1$ e $Z_1.Z_2 = Z_2.Z_1$;
4. associatividade para adição e multiplicação, $(Z_1 + Z_2) + Z_3 = Z_1 + (Z_2 + Z_3)$ e $(Z_1.Z_2).Z_3 = Z_1.(Z_2.Z_3)$;
5. existe o elemento neutro em relação à adição $\begin{pmatrix} 0 & 0 \\ 0 & 0 \end{pmatrix}$;
6. existe o elemento inverso em relação à adição $\begin{pmatrix} -a & b \\ -b & -a \end{pmatrix}$;
7. existe o elemento neutro em relação à multiplicação $\begin{pmatrix} 1 & 0 \\ 0 & 1 \end{pmatrix}$;
8. existe o elemento inverso em relação à multiplicação $\begin{pmatrix} \frac{a}{a^2+b^2} & \frac{b}{a^2+b^2} \\ -\frac{b}{a^2+b^2} & \frac{a}{a^2+b^2} \end{pmatrix}$ para a, b não ambos nulos; e

9. distributividade da multiplicação em relação à adição, $Z_1(Z_2 + Z_3) = Z_1Z_2 + Z_1Z_3$.

Portanto essa notação matricial também representa o corpo $\mathbb{C}$. Tem-se ainda

1. o conjugado $\begin{pmatrix} a & b \\ -b & a \end{pmatrix}$;
2. o módulo $\sqrt{Det\begin{pmatrix} a & -b \\ b & a \end{pmatrix}}$, em que $DetA$ é o determinante da matriz A;
3. a unidade imaginária $\begin{pmatrix} 0 & -1 \\ 1 & 0 \end{pmatrix}$ e $i^2 = \begin{pmatrix} 0 & -1 \\ 1 & 0 \end{pmatrix} . \begin{pmatrix} 0 & -1 \\ 1 & 0 \end{pmatrix} = \begin{pmatrix} -1 & 0 \\ 0 & -1 \end{pmatrix}$

Assim, finalmente pode ser escrita a transformação linear em notação matricial

$$Z_3 = Z_1.Z_2 = \begin{pmatrix} a_1 \cos\theta_{z_2} - b_1 \operatorname{sen}\theta_{z_2} & -b_1 \cos\theta_{z_2} + a_1 \operatorname{sen}\theta_{z_2} \\ b_1 \cos\theta_{z_2} - a_1 \operatorname{sen}\theta_{z_2} & a_1 \cos\theta_{z_2} - b_1 \operatorname{sen}\theta_{z_2} \end{pmatrix}$$

que é o produto entre as matrizes

$$Z_1 = \begin{pmatrix} a_1 & -b_1 \\ b_1 & a_1 \end{pmatrix}$$

e

$$Z_2 = \begin{pmatrix} \cos\theta_{z_2} - \operatorname{sen}\theta_{z_2} & -\cos\theta_{z_2} + \operatorname{sen}\theta_{z_2} \\ \cos\theta_{z_2} - \operatorname{sen}\theta_{z_2} & \cos\theta_{z_2} - \operatorname{sen}\theta_{z_2} \end{pmatrix}$$

matriz complexa, conhecida como matriz de rotação de vetores no $\mathbb{R}^2$ dos estudos de transformação linear em geometria analítica e álgebra linear. Mas por comodidade, os problemas propostos são resolvidos utilizando a notação mais difundida $z = |z|(\cos\theta + i\,\text{sen}\,\theta)$. Destacando que quando $|z| = 1$ haverá rotação sem alterar o módulo.

4.5.1 Construção a Partir de uma Aresta

A abordagem é feita mediante um problema de criar um quadrado $ABCD$, com uma das arestas com vértices em $A(2,3)$ e $B(4,6)$. É pretendido determinar as coordenadas dos vértices C e D.

Inicialmente, pode ser notado que, fixados os vértices A e B, podem ser formado dois quadrados $ABCD$ e $ABC'D'$, conforme a Figura 29 e que o vetor $\overrightarrow{AD}$ é a rotação do vetor $\overrightarrow{AB}$ em 90° $\left(\frac{\pi}{2}\ rad\right)$.

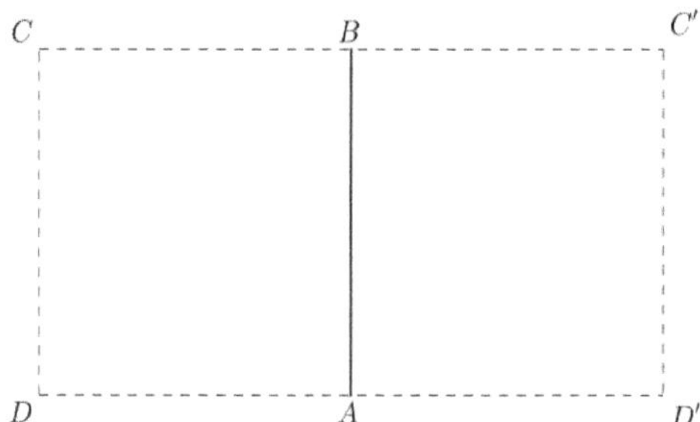

Figura 29 - Esboço dos quadrados $ABCD$ e $ABC'D'$

Em posse desses dados, determina-se o vértice D. Lembrando que a equação que determina a rotação é dada por $\overrightarrow{AD} = \overrightarrow{AB}\left(\cos\left(\frac{\pi}{2}\right) + i.\text{sen}\left(\frac{\pi}{2}\right)\right)$ obtém-se, com as substituições $\overrightarrow{AD} = D - A$ e $\overrightarrow{AB} = B - A$

$$D - \text{A} = (\text{B} - \text{A})\left(\cos\left(\frac{\pi}{2}\right) + \text{i.sen}\left(\frac{\pi}{2}\right)\right)$$

$$= (\text{B} - \text{A})(0 + 1\text{i})$$

$$= (\mathrm{B} - \mathrm{A})\mathrm{i}$$

$$= \mathrm{Bi} - \mathrm{Ai}$$

ou simplesmente,

$$D = Bi - Ai + A \qquad (40)$$

Como $A = (2{,}3) = 2 + 3i$ e $B = (4{,}6) = 4 + 6i$, faz-se a substituição em (40), para que a utilização de números complexos seja mais perceptível. Assim,

$$D = (4 + 6i)i - (2 + 3i)i + 2 + 3i$$

$$= (4i + 6i^2) - (2i + 3i^2) + 2 + 3i$$

$$= (4i - 6) - (2i - 3) + 2 + 3i$$

$$= -6 + 3 + 2 + 4i - 2i + 3i$$

$$= -1 + 5i,$$

logo a coordenada pretendida é $D(-1{,}5)$. Para determinar completamente o quadrado, é necessário encontrar as coordenadas de C, porém, não é necessário se fazer mais nenhuma rotação. Utilizando o fato de que os vetores $\overrightarrow{AB}$ e $\overrightarrow{DC}$ são iguais, tem-se que se $DC = AB \Rightarrow C - D = B - A \Rightarrow C = B - A + D$ e substituindo as coordenadas de A, B e D tem-se $C = (4 + 6i) - (2 + 3i) + (-1 + 5i) = 4 - 2 - 1 + 6i - 3i + 5i = 1 + 8i$. O cálculo das coordenadas dos pontos C' e D' são análogos e, portanto, ficarão a cargo do leitor. A Figura 30 representa os quadrados $ABCD$ e $ABC'D'$ no plano de Argand-Gauss.

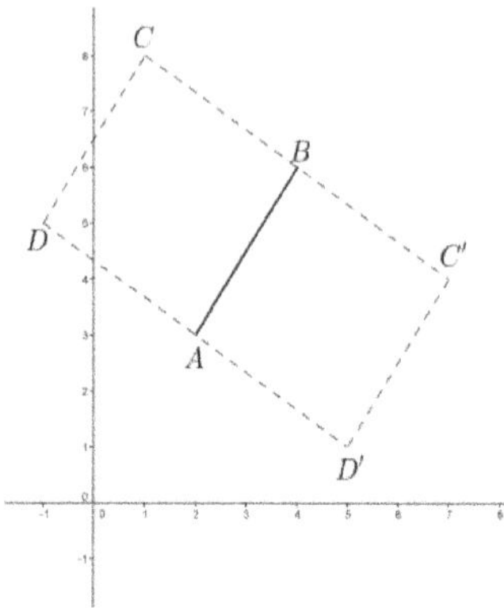

Figura 30 - Representação dos quadrados $ABCD$ e $ABC'D'$

A seguir, os exercícios para o leitor praticar a aplicação em rotação de vetores.

1. Determinar as coordenas dos quadrados que possuem os vértices $A(1,-4)$ e $B(6,-8)$.
2. Utilizando o princípio do exercício anterior, determinar as coordenas dos losangos cujo ângulo maior é 60° e que possuem os vértices $A(1,3)$ e $B(2,4)$.

4.5.2 CONSTRUÇÃO A PARTIR DE UMA DIAGONAL

É analisado agora um problema onde é dado uma diagonal de um quadrado, desse modo há de utilizar, além do argumento, o módulo do vetor de rotação.

O problema consiste em determinar os vértices do quadrado $ABCD$ cuja diagonal $\overline{AC}$ tem vértices em $A(-2,-1)$ e $C(4,3)$, ou seja, devem ser determinadas as coordenadas dos pontos B e D. Há de observar que os vértices A e C podem formar somente um quadrado, podendo somente alternar os valores dos vértices B e D, conforme a Figura 31.

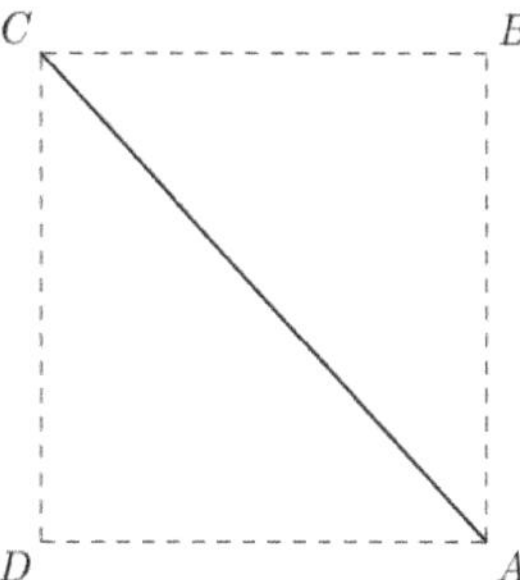

Figura 31 - Esboço do quadrado $ABCD$ e a diagonal $\overline{AC}$

Inicialmente, rotaciona-se o vetor $\overrightarrow{AC}$ em 45° $\left(\frac{\pi}{4}\ rad\right)$, mas somente isso não é suficiente, pois os módulos dos vetores $\overrightarrow{AC}$ e $\overrightarrow{AD}$ são diferentes. É sabido, pelo critério da trigonometria que em triângulo retângulo isósceles o valor da hipotenusa é $\sqrt{2}$ vezes maior que seus catetos, então é necessário dividir o módulo de $\overrightarrow{AC}$ por $\sqrt{2}$. Logo, $\overrightarrow{AD} = \overrightarrow{AC}.\frac{1}{\sqrt{2}}\left(\cos\frac{\pi}{4} + i.\operatorname{sen}\frac{\pi}{4}\right)$ e fazendo algumas manipulações algébricas obtém-se

$$D - A = \frac{1}{\sqrt{2}}(C - A)\left(\cos\frac{\pi}{4} + i.\operatorname{sen}\frac{\pi}{4}\right)$$

$$D - A = \frac{1}{\sqrt{2}}(C - A)\left(\frac{\sqrt{2}}{2} + \frac{\sqrt{2}}{2}.i\right)$$

$$D - A = \left(\frac{C}{2} - \frac{A}{2}\right) + \left(\frac{C}{2} - \frac{A}{2}\right)i\,.$$

Substituindo as coordenadas de A e C, obtém $D = -1 + 4i$.

Para encontrar a coordenada de B é utilizado o fato de $\overrightarrow{AB} = \overrightarrow{DC}$ e após alguns cálculos simples, omitidos devido sua simplicidade, obtém $B = 3 - 2i$. O quadrado formado com as coordenadas de A, B, C e D pode ser visto na Figura 32.

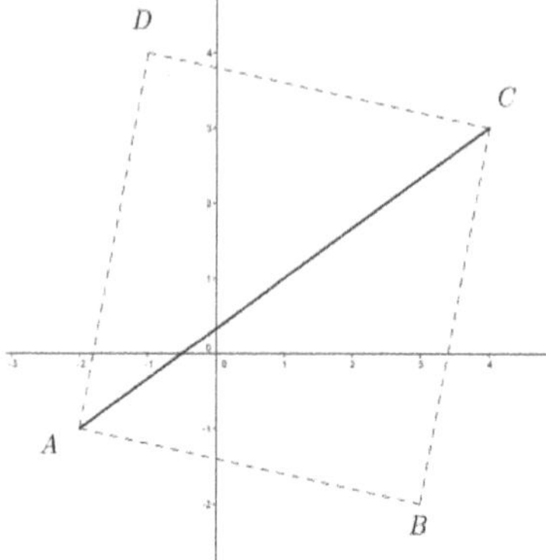

Figura 32 - Representação do quadrado $ABCD$ do segundo problema no plano de Argand-Gauss

Existem outras maneiras de resolver esse problema ainda usando a rotação no plano de Argand-Gauss. Poderia ter sido calculado o ponto médio M da diagonal $\overline{AC}$ e rotacionar o vetor $\overrightarrow{MC}$ em 90° $\left(\frac{\pi}{2}\ rad\right)$. Uma outra maneira, pode-se ainda rotacionar o vetor $\overrightarrow{AC}$ em 90° $\left(\frac{\pi}{2}\ rad\right)$ fazendo um vetor $\overrightarrow{AC'}$, logo um dos vértices do quadrado $ABCD$ será o ponto médio do seguimento $\overline{CC'}$, ou seja, $D = \frac{C+C'}{2}$.

A seguir, os exercícios para o leitor praticar a aplicação em rotação de vetores.

1. Determinar as coordenas do quadrado cuja diagonal tem como vértices os pontos $A(1, -4)$ e C$(6, -8)$.
2. Determinar as coordenas dos retângulos cuja diagonal tem como vértices os pontos $A(1,3)$ e C$(2,4)$ e o lado menor seja igual à metade do tamanho dessa diagonal

4.5.3 Construção a Partir de um Vértice e o Circuncentro

Agora, um último problema que consiste em determinar, aproximadamente, os vértices B, C, D e E de um pentágono regular $ABCDE$ com circuncentro na origem do plano e tendo como vértice um dos vértices $A(2,0)$.

Nesse problema é formado apenas um pentágono regular com vértice em A o circuncentro em O. Inicialmente são traçados os seguimentos $\overline{OA}$, $\overline{OB}$, $\overline{OC}$, $\overline{OD}$ e $\overline{OE}$, com um ângulo de 72° $\left(\frac{2\pi}{5}\ rad\right)$ entre dois segmentos consecutivos traçados, conforme a Figura 33.

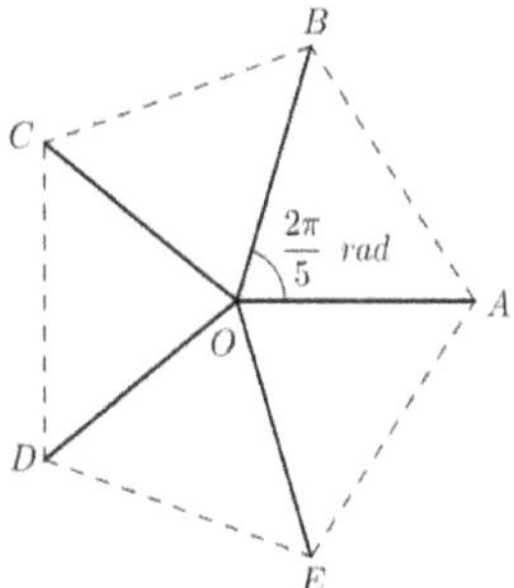

Figura 33 - Esboço do pentágono regular $ABCDE$ e o ângulo entre os seguimentos $\overline{OA}$ e $\overline{OB}$

Como o vetor $\overrightarrow{OB}$ é igual ao vetor $\overrightarrow{OA}$ rotacionado de 72° $\left(\frac{2\pi}{5}\ rad\right)$, logo

$$\overrightarrow{OB} = \overrightarrow{OA}\left(\cos\frac{2\pi}{5} + i.\,\text{sen}\frac{2\pi}{5}\right).$$

Utilizando uma aproximação de 3 casas decimais, tem-se

$$\cos\frac{2\pi}{5} = 0{,}309$$

e

$$i.\operatorname{sen}\frac{2\pi}{5} = 0{,}95,$$

obtém-se

$$B - O = (A - O)(0{,}309 + 0{,}951i).$$

Como O corresponde ao número complexo nulo, tem-se

$$B = A(0{,}309 + 0{,}951i) = 2(0{,}309 + 0{,}951i) = 0{,}618 + 1{,}830i$$

a coordenada do vértice pretendido é $B \approx (0{,}618; 1{,}830)$.

Para o cálculo do vértice C é utilizado o fato de $\overrightarrow{OC}$ ser igual ao vetor $\overrightarrow{OA}$ rotacionado de 144° $\left(\frac{4\pi}{5}\ rad\right)$. Assim,

$$\overrightarrow{\mathrm{OC}} = \overrightarrow{\mathrm{OA}}\left(\cos\frac{4\pi}{5} + \mathrm{i}.\operatorname{sen}\frac{4\pi}{5}\right).$$

Então obtém

$$C - O = (A - O)(-0{,}809 + 0{,}588i).$$

Logo

$$C = A(-0{,}809 + 0{,}588i)$$

$$= 2(-0{,}809 + 0{,}588i)$$

$$= -1{,}618 + 1{,}176i$$

e a coordenada do vértice pretendido é $C \approx (-1{,}618; 1{,}176)$.

Procedendo de modo análogo, obtém-se os vértices $D \approx (-1{,}618; -1{,}176)$ e $E \approx (0{,}618; -1{,}830)$. Com as coordenadas de todos os vértices, o pentágono regular no plano de Argand-Gauss pode ser traçado, conforme a Figura 34.

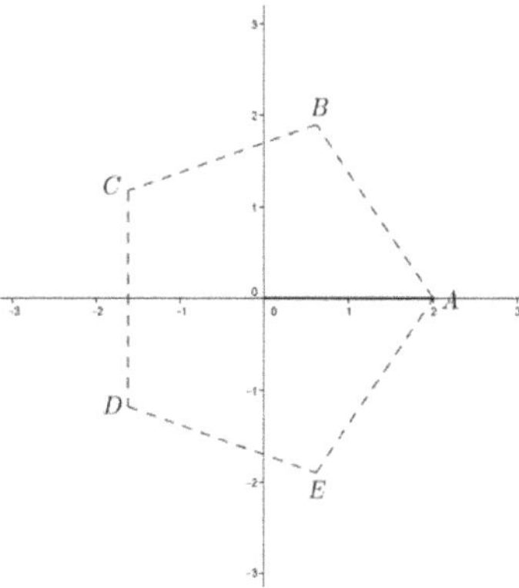

Figura 34 - Representação do pentágono regular $ABCDE$ no plano de Argand-Gauss

Um outro método pelo qual poderia ser resolvido esse último problema seria encontrar as raízes de $\sqrt[5]{32}$ utilizando a fórmula de De Moivre $\sqrt[n]{z} = \sqrt[n]{r}\left(\cos\left(\frac{\alpha+2k\pi}{n}\right) + i\,\text{sen}\left(\frac{\alpha+2k\pi}{n}\right)\right)$ para $k = 0{,}1{,}2{,}3{,}4$, em que, se $k = 0$ a raiz é o complexo 2 (que corresponde ao vértice A e os outros valores de k correspondem respectivamente aos outros vértices).

Utilizando a rotação de vetores, podem ser encontradas figuras diferentes das mostradas nesse capítulo. Podem ser obtidos triângulos, hexágonos ou qualquer figura plana regular desde que se tenha alguma outra informação pertinente, como o comprimento dos lados de retângulo ou um ângulo de um losango.

Então, a seguir um exercício para o leitor a praticar a aplicação em rotação de vetores.

1. Encontre todos os vértices do hexágono regular $ABCDEF$, sabendo que seu vértice A corresponde à coordenada $(4, -2)$ e tem o ponto $O(2{,}2)$ como circuncentro.

4.6 O PROBLEMA DO TESOURO

Nesta seção é abordada uma aplicação bastante interessante e concreta sobre a utilização de números complexos como ferramenta de rotação de vetores.

Na matemática existem problemas históricos que ficaram famosos, há o exemplo do problema da herança dos camelos, o problema da partida em um jogo de cara ou coroa que termina antes do final por um motivo qualquer e se discute qual será a maneira mais justa de se dividir o prêmio, entre vários outros. O problema do tesouro é um exemplo clássico do uso de vetores no plano. A estória é a seguinte:

Recentemente foi descoberto um manuscrito pirata descrevendo a localização de um tesouro enterrado em certa ilha (plana). O manuscrito identifica perfeitamente a ilha e dá as seguintes instruções:

Qualquer um que desembarque nesta ilha verá imediatamente dois grandes carvalhos, que chamarei de carvalho A e carvalho B, e também uma palmeira. Eu enterrei o tesouro em um ponto X que pode ser encontrado assim:

1. *Caminhe da palmeira para o carvalho A contando seus passos. Chegando ao carvalho A, vire para a direita e dê exatamente o mesmo número de passos para chegar ao ponto M, marcando o local.*
2. *Volte até a palmeira.*
3. *Caminhe da palmeira para o carvalho B contando seus passos. Chegando ao carvalho B, vire para a esquerda e dê exatamente*

o mesmo número de passos para chegar ao ponto N, novamente marcando o local.

4. *O ponto X, local do tesouro, está exatamente entre M e N.*

Com base nessas informações precisas, os exploradores chegaram à referida ilha, mas tiveram uma desagradável surpresa: os carvalhos A e B lá estavam, mas a palmeira (que é representado por P) havia desaparecido. Será possível descobrir a posição do tesouro sem a palmeira?

Para solucionar o problema é necessário fazer alguns cálculos, mas primeiramente são colocados os dados do mapa num plano seguindo suas instruções, conforme a Figura 35.

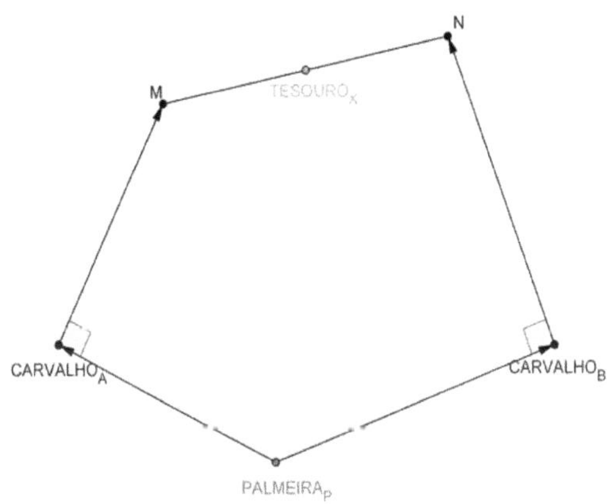

Figura 35 - Esboço do suposto mapa do pirata

Pode ser observado que, para encontrar o vetor $\overrightarrow{AM}$ basta rotacionar o vetor $\overrightarrow{PA}$ por um ângulo de $\frac{3\pi}{2}\ rad$. Da mesma forma, o vetor $\overrightarrow{BN}$ é obtido pela rotação do vetor $\overrightarrow{PB}$ pelo ângulo $\frac{\pi}{2}\ rad$ O tesouro se encontra no ponto médio de $\overline{MN}$. Obtém as três seguintes equações

$$\overrightarrow{AM} = \overrightarrow{PA}\left(\cos\frac{3\pi}{2} + i.\operatorname{sen}\frac{3\pi}{2}\right) = \overrightarrow{PA}.(-i) \qquad (41)$$

$$\overrightarrow{BN} = \overrightarrow{PB}\left(\cos\frac{\pi}{2} + i.\operatorname{sen}\frac{\pi}{2}\right) = \overrightarrow{PB}.i \qquad (42)$$

$$X = \frac{M+N}{2} \qquad (43)$$

Resolve-se então o sistema formado pelas equações (41) e (42)

$$\begin{cases} \overrightarrow{AM} = \overrightarrow{PA}.(-i) \\ \overrightarrow{BN} = \overrightarrow{PB}.i \end{cases}$$

A equação (41) pode ser reescrita na forma $M - A = (A - P)(-i) = (P - A)i$, e fazendo o mesmo na equação (42) o sistema anterior toma a nova forma

$$\begin{cases} M - A = (A - P).(-i) & (44) \\ N - B = (B - P).i & (45) \end{cases}$$

Somando as equações (44) e (45) tem-se

$$\begin{aligned} M - A + N - B &= (P - A)i + (B - P)i \\ &= (P - A + B - P)i \\ &= (B - A)i \qquad (46) \end{aligned}$$

Fazendo algumas manipulações algébricas, perceber-se que a coordenada P da palmeira é eliminada na equação (46), então, por conveniência, é apresentada na forma

$$M + N = A + B + (B - A)i \tag{47}$$

Substituindo $M + N$, da equação (47), na equação (43), é obtida a relação

$$X = \frac{M + N}{2} = \frac{A + B + (B - A)i}{2} = \frac{A + B}{2} + \frac{\overrightarrow{AB}.i}{2}$$

Pronto, foi encontrada a localização do tesouro enterrado, só é preciso compreender o significado da equação encontrada. Ela é a soma do ponto médio entre os dois carvalhos A e B, somado com a metade do vetor rotacionado de $\frac{\pi}{2}\, rad$ (ver Figura 36). Graficamente isso representa o seguinte.

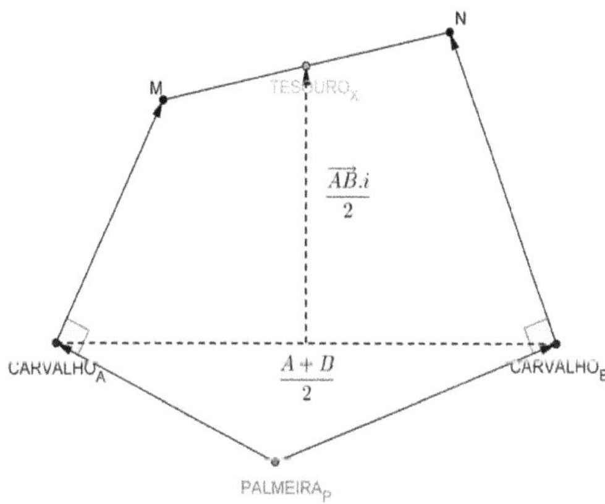

Figura 36 - O mapa com as novas coordenadas descobertas

Pode ser percebido que a pessoa que enterrou tal tesouro nessa ilha plana, fez um mapa de tal maneira que a posição do tesouro não dependia da posição da palmeira, mas dependia exclusivamente dos dois carvalhos como pode ser visto na Figura 37, que foram colocadas em um sistema de coordenadas para se ter um ponto referencial.

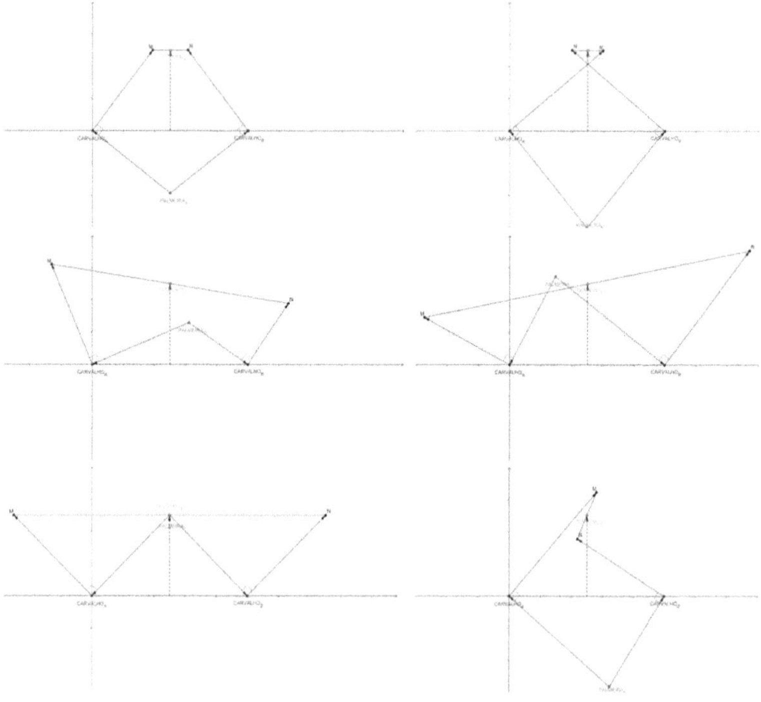

Figura 37 - Representação de 6 formas possíveis que poderia ser tal mapa

É interessante fazer o mapa como descrito acima em um software gratuito de geometria (como o GeoGebra), assim poderia notar que, ao arrastar a palmeira para qualquer lugar que a posição do tesouro permaneceria inalterada. Poderia também dizer que os exploradores colocaram o mapa num plano cartesiano como nas quatro figuras acima, sendo que o carvalho A fora colocado na origem e o carvalho B no ponto $(d, 0)$, onde d é a distância entre os carvalhos. A resposta ao problema onde se levara em consideração a distância

(d) entre os carvalhos vai ter uma fórmula geral que é $X_{Tesouro} = \left(\frac{d}{2}, \frac{d}{2}\right)$.

CONSIDERAÇÕES

Deve ser modificada a ótica de que a matemática seja composta somente por algoritmos, regras e fórmulas seguidas de memorização e procedimentos recursivos. Fica claro que isso está acontecendo em razão do professor entender a matemática como uma área do conhecimento pronta e acabada, onde os discentes abarcados nesse processo podem até obter algum determinado tipo de conhecimento, mas não desenvolvem a competência de pensar. Mais ainda: os problemas são estabelecidos com uma linguagem específica do assunto abordado, sem mostrar conexões com outros ramos da matemática, dando a impressão de que a matemática é um fim em si mesma. No aluno mais instigador é natural que esta maneira de apresentar o conteúdo desperte os questionamentos: 'Para que serve isso?' e 'Por que tenho que estudar esse conteúdo?'.

Durante o ensino fundamental e na maioria do ensino médio os alunos estudam como se não existisse raiz quadrada de números negativos. Que equações do segundo grau que tenham discriminante negativo não têm soluções reais e que as situações que incidem nesse tipo de equações, são situações que não oferecem soluções. Crê-se que no fim do segundo grau, para que eles passem a extrair raízes quadradas de números negativos, seria interessante apresentar motivações.

Foi realizado um levantamento histórico dos números complexos em que se descobriu que, para a resolução de algumas equações especiais do terceiro grau, era necessário calcular a raiz quadrada de um número negativo. Fazendo uma análise sobre algumas dessas equações, foi descoberto que elas tinham pelo menos uma raiz real. Esta foi a causa que motivou os matemáticos a conjecturarem a existência das raízes quadradas dos números negativos.

A civilização levou milhares de séculos para descobrir os números complexos, mas apenas três séculos após seu primeiro contato começou a compreender o verdadeiro significado e as potencialidades de aplicação desta magnífica descoberta. Passados mais dois séculos o ensino dos números complexos não evoluiu como necessário para cativar o aluno do ensino médio, por exemplo, pelo fato de dispor de recursos computacionais que podem dar uma visão geométrica desse assunto e que são subutilizados ou nem sequer são utilizados.

Seguindo a orientação dos PCNEMs (BRASIL, 2006) que no campo da matemática mostram que é essencial suplantar a aprendizagem focada em procedimentos mecânicos, recomendando a resolução de problemas como um dos pontos de início da atividade matemática a ser desenvolvida na sala de aula, é que foi apresentada a unidade imaginária i sem começar com algoritmos, para só posteriormente formalizar e mostrar as propriedades e aplicações dos números complexos. Essa forma de abordar o ensino dos números complexos permite que os alunos os compreendam não somente como símbolos matemáticos, mas como números de verdade, com os quais se obtém as respostas de problemas reais, conforme exemplos dados no Capítulo 4.

Apesar de ser um assunto com amplo potencial para aplicações e contribuir com o desenvolvimento de inúmeras áreas do conhecimento, especialmente da matemática, a grande maioria dos livros didáticos faz uma abordagem meramente algébrica na forma

$a + bi$ ou na forma geométrica (a, b), ficando o aluno com a impressão errônea que esses números não possuem aplicação. Assim, é preciso colocar em questão a prioridade que os livros dão a esse tipo de abordagem.

Confia-se que, para uma aprendizagem expressiva é preciso apresentarmos, primeiramente, os números complexos como se deu na sua linha do tempo. Somente assim, pode ser apresentada a serventia do ensino dos números complexos, sobretudo no ensino médio. Para os professores abarcados nesse processo, essa abordagem gera mudanças na aprendizagem e, assim, facilita o ensino dos números complexos, tanto quanto sua significação e compreensão.

Este trabalho não poderia ser finalizado sem fazer uma observação quanto a um equívoco frequentemente cometido por alguns professores e livros-textos didáticos relativamente à origem da Teoria dos Números Complexos: foram as equações do terceiro grau e não as do segundo grau que desencadearam todo o desenvolvimento teórico desse conjunto numérico. Quando uma equação quadrática tinha o discriminante negativo era simples e comum o fato de dizer que essa equação não tinha raízes, mas com a descoberta da solução das cúbicas, através da fórmula de Cardano-Tartaglia, ficava evidente a existência daquelas raízes. Fruto do trabalho que durou mais dois séculos e iniciou a partir da ideia pioneira e corajosa de Bombelli. Como em muitas áreas da matemática, uma grande descoberta tem uma humilde e simples origem. Com a teoria dos números complexos não foi diferente.

Soluções dos Exercícios Propostos

4.1 Equações Cúbicas

1. Resolução da equação proposta $x^3 - 6x^2 + 12x - 8 = 0$.

Solução:

Passo 1: obtenção de p, q e Δ:

- $p = -\frac{b^2}{3a^2} + \frac{c}{a} = -\frac{(-6)^2}{3.1^2} + \frac{12}{1} = 12 - 12 = 0;$
- $q = \frac{2b^3}{27a^3} - \frac{bc}{3a^2} + \frac{d}{a} = \frac{2(-6)^3}{27.1^3} - \frac{(-6).12}{3.1^2} + \frac{-8}{1} = -16 + 24 - 8 = 0;$
- $\Delta = \left(\frac{q}{2}\right)^2 + \left(\frac{p}{3}\right)^3 = \left(\frac{0}{2}\right)^2 + \left(\frac{0}{3}\right)^3 = 0.$

Passo 2: análise de delta e cálculo de x':

Como $\Delta = 0$, delta negativo, é usada a fórmula:

$$x' = 2\sqrt[3]{-\frac{0}{2}} - \frac{-6}{3.1} = 2.0 + 2 = 2,$$

Passo 3: cálculo x'' e x''':

- Fica a critério de cada um, porém o método da divisão por $x - x'$ e posteriormente a utilização da fórmula para resolução de equações do segundo grau é mais simples.

Resposta: $x' = 2, x'' = 2, x''' = 2$

2. Resolução da equação proposta $x^3 - 5x^2 + 8x - 6 = 0$.

Solução:

Passo 1: obtenção de p, q e Δ:

- $p = -\frac{b^2}{3a^2} + \frac{c}{a} = -\frac{(-5)^2}{3.1^2} + \frac{8}{1} = \frac{35}{3} - 8 = -\frac{1}{3};$
- $q = \frac{2b^3}{27a^3} - \frac{bc}{3a^2} + \frac{d}{a} = \frac{2(-5)^3}{27.1^3} - \frac{(-5).8}{3.1^2} + \frac{-6}{1} = \frac{-250}{27} - \frac{-40}{3} + \frac{-6}{1} = \frac{-250+360-162}{27} = -\frac{52}{27};$
- $\Delta = \left(\frac{q}{2}\right)^2 + \left(\frac{p}{3}\right)^3 = \left(\frac{-\frac{52}{27}}{2}\right)^2 + \left(\frac{-\frac{1}{3}}{3}\right)^3 = \left(-\frac{52}{54}\right)^2 + \left(-\frac{1}{9}\right)^3 = \left(-\frac{26}{27}\right)^2 + \left(-\frac{1}{9}\right)^3 = \frac{676}{729} - \frac{1}{729} = \frac{675}{729}.$

Passo 2: análise de delta e cálculo de x':

Como $\Delta = \frac{675}{729}$, delta negativo, é usada a fórmula:

$$x' = \sqrt[3]{-\frac{q}{2} + \sqrt{\Delta}} + \sqrt[3]{-\frac{q}{2} - \sqrt{\Delta}} - \frac{b}{3a}$$

$$= \sqrt[3]{-\frac{-\frac{52}{27}}{2} + \sqrt{\frac{675}{729}}} + \sqrt[3]{-\frac{-\frac{52}{27}}{2} - \sqrt{\frac{675}{729}}} - \frac{-5}{3.1}$$

$$= \sqrt[3]{\frac{52}{54} + \sqrt{\frac{675}{729}}} + \sqrt[3]{\frac{52}{54} - \sqrt{\frac{675}{729}}} - \frac{-5}{3.1}$$

Passo 3: cálculo x'' e x''':

- Fica a critério de cada um, porém o método da divisão por $x - x'$ e posteriormente a utilização da fórmula para resolução de equações do segundo grau é mais simples.

Respostas: $x' = 3, x'' = 1 - i, x''' = 1 + i$

4.2 Somatórios

1. Resolução do somatório proposto $C_n^0 + C_n^3 + C_n^6 + C_n^9 + C_n^{12} + \cdots$

Solução:

Fazendo $x = \cos\frac{2\pi}{3} + i.\operatorname{sen}\frac{2\pi}{3}$ na expansão binomial

$$\left(1 + \left(\cos\frac{2\pi}{3} + i.\operatorname{sen}\frac{2\pi}{3}\right)\right)^n = 1 + C_n^1\left(\cos\frac{2\pi}{3} + i.\operatorname{sen}\frac{2\pi}{3}\right) + C_n^2\left(\cos\frac{2\pi}{3} + i.\operatorname{sen}\frac{2\pi}{3}\right)^2 + C_n^3\left(\cos\frac{2\pi}{3} + i.\operatorname{sen}\frac{2\pi}{3}\right)^3 + C_n^4\left(\cos\frac{2\pi}{3} + i.\operatorname{sen}\frac{2\pi}{3}\right)^4 + C_n^5\left(\cos\frac{2\pi}{3} + i.\operatorname{sen}\frac{2\pi}{3}\right)^5 + C_n^6\left(\cos\frac{2\pi}{3} + i.\operatorname{sen}\frac{2\pi}{3}\right)^6 + C_n^7\left(\cos\frac{2\pi}{3} + i.\operatorname{sen}\frac{2\pi}{3}\right)^7 + \cdots + C_n^n\left(\cos\frac{2\pi}{3} + i.\operatorname{sen}\frac{2\pi}{3}\right)^n$$

Resolvendo as potências da expansão, segundo a fórmula de De Moivre, tem-se:

$$\left(1+\left(\cos\frac{2\pi}{3}+i.\operatorname{sen}\frac{2\pi}{3}\right)\right)^n = 1 + C_n^1\left(\cos\frac{2\pi}{3}+i.\operatorname{sen}\frac{2\pi}{3}\right) + C_n^2\left(\cos\frac{4\pi}{3}+i.\operatorname{sen}\frac{4\pi}{3}\right) + C_n^3\left(\cos\frac{6\pi}{3}+i.\operatorname{sen}\frac{6\pi}{3}\right) + C_n^4\left(\cos\frac{8\pi}{3}+i.\operatorname{sen}\frac{8\pi}{3}\right) + C_n^5\left(\cos\frac{10\pi}{3}+i.\operatorname{sen}\frac{10\pi}{3}\right) + C_n^6\left(\cos\frac{12\pi}{3}+i.\operatorname{sen}\frac{12\pi}{3}\right) + C_n^7\left(\cos\frac{14\pi}{3}+i.\operatorname{sen}\frac{14\pi}{3}\right) + \cdots + C_n^n\left(\cos\frac{n2\pi}{3}+i.\operatorname{sen}\frac{n2\pi}{3}\right)$$

Calculando os valores dos senos e cossenos, obtém-se:

$$\left(1+\left(\cos\frac{2\pi}{3}+i.\operatorname{sen}\frac{2\pi}{3}\right)\right)^n = 1 + C_n^1\left(-\frac{1}{2}+\frac{\sqrt{3}}{2}.i\right) + C_n^2\left(-\frac{1}{2}-\frac{\sqrt{3}}{2}.i\right) + C_n^3(1+0.i) + C_n^4\left(-\frac{1}{2}+\frac{\sqrt{3}}{2}.i\right) + C_n^5\left(-\frac{1}{2}-\frac{\sqrt{3}}{2}.i\right) + C_n^6(1+0.i) + C_n^7\left(-\frac{1}{2}+\frac{\sqrt{3}}{2}.i\right) + \cdots + C_n^n\left(\cos\frac{n2\pi}{3}+i.\operatorname{sen}\frac{n2\pi}{3}\right)$$

Efetuando as multiplicações:

$$\left(1+\left(\cos\frac{2\pi}{3}+i.\operatorname{sen}\frac{2\pi}{3}\right)\right)^n = 1 - C_n^1\frac{1}{2} + C_n^1\frac{\sqrt{3}}{2}.i - C_n^2\frac{1}{2} - C_n^2\frac{\sqrt{3}}{2}.i + C_n^3 1 + C_n^3 0.i - C_n^4\frac{1}{2} + C_n^4\frac{\sqrt{3}}{2}.i - C_n^5\frac{1}{2} - C_n^5\frac{\sqrt{3}}{2}.i + C_n^6 1 + C_n^6 0.i - C_n^7\frac{1}{2} + C_n^7\frac{\sqrt{3}}{2}.i + \cdots$$

Juntando os números reais dos imaginários puros:

$$\left(1+\left(\cos\frac{2\pi}{3}+i.\operatorname{sen}\frac{2\pi}{3}\right)\right)^n = 1 - C_n^1\frac{1}{2} - C_n^2\frac{1}{2}.i + C_n^3 - C_n^4\frac{1}{2} - C_n^5\frac{1}{2} + C_n^6 - C_n^7\frac{1}{2} + \cdots + C_n^1\frac{\sqrt{3}}{2}.i - C_n^2\frac{\sqrt{3}}{2} + C_n^3 0.i + C_n^4\frac{\sqrt{3}}{2}.i - C_n^5\frac{\sqrt{3}}{2}.i + C_n^6 0.i + C_n^7\frac{\sqrt{3}}{2}.i$$

Separando parte real de parte imaginária:

$$\left(1+\left(\cos\frac{2\pi}{3}+i.\operatorname{sen}\frac{2\pi}{3}\right)\right)^n = \left(1 - C_n^1\frac{1}{2} - C_n^2\frac{1}{2} + C_n^3 - C_n^4\frac{1}{2} - C_n^5\frac{1}{2} + C_n^6 - C_n^7\frac{1}{2} + \cdots\right) + \left(C_n^1\frac{\sqrt{3}}{2} - C_n^2\frac{\sqrt{3}}{2}. + C_n^3 0 + C_n^4\frac{\sqrt{3}}{2} - C_n^5\frac{\sqrt{3}}{2} + C_n^6 0.i + C_n^7\frac{\sqrt{3}}{2} + \cdots\right)i$$

Colocando os coeficientes em evidência:

$$\left(1+\left(\cos\frac{2\pi}{3}+i.\operatorname{sen}\frac{2\pi}{3}\right)\right)^n$$

$$=\frac{1}{2}(2-C_n^1-C_n^2+2C_n^3-C_n^4-C_n^5+2C_n^6-C_n^7+\cdots)$$

$$+\frac{\sqrt{3}}{2}(C_n^1-C_n^2+C_n^4-C_n^5+C_n^7+\cdots)i$$

Agora resolvendo a expansão através da fórmula de De Moivre, calculando inicialmente o módulo do complexo:

$$r=\sqrt{\left(\frac{1}{2}\right)^2+\left(\frac{\sqrt{3}}{2}\right)^2}=\sqrt{\frac{1}{4}+\frac{3}{4}}=1$$

$$\left(1+\left(\cos\frac{2\pi}{3}+i.\operatorname{sen}\frac{2\pi}{3}\right)\right)^n=\left(1-\frac{1}{2}+\frac{\sqrt{3}}{2}.i\right)^n=\left(\frac{1}{2}+\frac{\sqrt{3}}{2}.i\right)^n$$

$$=\left(\cos\frac{\pi}{3}+i.\operatorname{sen}\frac{\pi}{3}\right)^n=\left(\cos\frac{n\pi}{3}+i.\operatorname{sen}\frac{n\pi}{3}\right)$$

Agora somando-se a igualdade abaixo (obtida pela parte real da expansão binomial e da fórmula de De Moivre) com Teorema das Linhas de Pascal:

$$2-C_n^1-C_n^2+2C_n^3-C_n^4-C_n^5+2C_n^6-C_n^7+\cdots=2\cos\frac{n\pi}{3}$$

$$+$$

$$1+C_n^1+C_n^2+C_n^3+C_n^4+C_n^5+C_n^6+C_n^7+\cdots=2^n$$

$$=$$

$$3+3C_n^3+3C_n^6+\cdots=2\cos\frac{n\pi}{3}+2^n$$

Que dividindo ambos os membros por 3, finalmente obtém-se:

$$1+C_n^3+C_n^6+\cdots=\frac{2\cos\left(\frac{n\pi}{3}\right)+2^n}{3}$$

2. Resolução do somatório proposto $C_n^1 + C_n^4 + C_n^7 + C_n^{10} + C_n^{13} + \cdots$

Solução:

O cálculo desse somatório se faz de modo análogo ao anterior.

Fazendo $x = \cos\frac{2\pi}{3} + i.\operatorname{sen}\frac{2\pi}{3}$ na expansão binomial

$$\left(1+\left(\cos\frac{2\pi}{3}+i.\operatorname{sen}\frac{2\pi}{3}\right)\right)^n = 1 + C_n^1\left(\cos\frac{2\pi}{3}+i.\operatorname{sen}\frac{2\pi}{3}\right) + C_n^2\left(\cos\frac{2\pi}{3}+i.\operatorname{sen}\frac{2\pi}{3}\right)^2 + C_n^3\left(\cos\frac{2\pi}{3}+i.\operatorname{sen}\frac{2\pi}{3}\right)^3 + C_n^4\left(\cos\frac{2\pi}{3}+i.\operatorname{sen}\frac{2\pi}{3}\right)^4 + C_n^5\left(\cos\frac{2\pi}{3}+i.\operatorname{sen}\frac{2\pi}{3}\right)^5 + C_n^6\left(\cos\frac{2\pi}{3}+i.\operatorname{sen}\frac{2\pi}{3}\right)^6 + C_n^7\left(\cos\frac{2\pi}{3}+i.\operatorname{sen}\frac{2\pi}{3}\right)^7 + \cdots + C_n^n\left(\cos\frac{2\pi}{3}+i.\operatorname{sen}\frac{2\pi}{3}\right)^n$$

Resolvendo as potências da expansão, segundo a fórmula de De Moivre, tem-se:

$$\left(1+\left(\cos\frac{2\pi}{3}+i.\operatorname{sen}\frac{2\pi}{3}\right)\right)^n = 1 + C_n^1\left(\cos\frac{2\pi}{3}+i.\operatorname{sen}\frac{2\pi}{3}\right) + C_n^2\left(\cos\frac{4\pi}{3}+i.\operatorname{sen}\frac{4\pi}{3}\right) + C_n^3\left(\cos\frac{6\pi}{3}+i.\operatorname{sen}\frac{6\pi}{3}\right) + C_n^4\left(\cos\frac{8\pi}{3}+i.\operatorname{sen}\frac{8\pi}{3}\right) + C_n^5\left(\cos\frac{10\pi}{3}+i.\operatorname{sen}\frac{10\pi}{3}\right) + C_n^6\left(\cos\frac{12\pi}{3}+i.\operatorname{sen}\frac{12\pi}{3}\right) + C_n^7\left(\cos\frac{14\pi}{3}+i.\operatorname{sen}\frac{14\pi}{3}\right) + \cdots + C_n^n\left(\cos\frac{n2\pi}{3}+i.\operatorname{sen}\frac{n2\pi}{3}\right)$$

Calculando os valores dos senos e cossenos, obtém-se:

$$\left(1+\left(\cos\frac{2\pi}{3}+i.\operatorname{sen}\frac{2\pi}{3}\right)\right)^n = 1 + C_n^1\left(-\frac{1}{2}+\frac{\sqrt{3}}{2}.i\right) + C_n^2\left(-\frac{1}{2}-\frac{\sqrt{3}}{2}.i\right) + C_n^3(1+0.i) + C_n^4\left(-\frac{1}{2}+\frac{\sqrt{3}}{2}.i\right) + C_n^5\left(-\frac{1}{2}-\frac{\sqrt{3}}{2}.i\right) + C_n^6(1+0.i) + C_n^7\left(-\frac{1}{2}+\frac{\sqrt{3}}{2}.i\right) + \cdots + C_n^n\left(\cos\frac{n2\pi}{3}+i.\operatorname{sen}\frac{n2\pi}{3}\right)$$

Efetuando as multiplicações:

$$\left(1+\left(\cos\frac{2\pi}{3}+i.\operatorname{sen}\frac{2\pi}{3}\right)\right)^n = 1 - C_n^1\frac{1}{2} + C_n^1\frac{\sqrt{3}}{2}.i - C_n^2\frac{1}{2} - C_n^2\frac{\sqrt{3}}{2}.i + C_n^3 1 + C_n^3 0.i - C_n^4\frac{1}{2} + C_n^4\frac{\sqrt{3}}{2}.i - C_n^5\frac{1}{2} - C_n^5\frac{\sqrt{3}}{2}.i + C_n^6 1 + C_n^6 0.i - C_n^7\frac{1}{2} + C_n^7\frac{\sqrt{3}}{2}.i + \cdots$$

Juntando os números reais dos imaginários puros:

$$\left(1+\left(\cos\frac{2\pi}{3}+i.\operatorname{sen}\frac{2\pi}{3}\right)\right)^n = 1 - C_n^1\frac{1}{2} - C_n^2\frac{1}{2}.i + C_n^3 - C_n^4\frac{1}{2} - C_n^5\frac{1}{2} + C_n^6 - C_n^7\frac{1}{2} + \cdots + C_n^1\frac{\sqrt{3}}{2}.i - C_n^2\frac{\sqrt{3}}{2} + C_n^3 0.i + C_n^4\frac{\sqrt{3}}{2}.i - C_n^5\frac{\sqrt{3}}{2}.i + C_n^6 0.i + C_n^7\frac{\sqrt{3}}{2}.i$$

Separando parte real de parte imaginária:

$$\left(1+\left(\cos\frac{2\pi}{3}+i.\operatorname{sen}\frac{2\pi}{3}\right)\right)^n = \left(1 - C_n^1\frac{1}{2} - C_n^2\frac{1}{2} + C_n^3 - C_n^4\frac{1}{2} - C_n^5\frac{1}{2} + C_n^6 - C_n^7\frac{1}{2} + \cdots\right) + \left(C_n^1\frac{\sqrt{3}}{2} - C_n^2\frac{\sqrt{3}}{2}. + C_n^3 0 + C_n^4\frac{\sqrt{3}}{2} - C_n^5\frac{\sqrt{3}}{2} + C_n^6 0.i + C_n^7\frac{\sqrt{3}}{2} + \cdots\right)i$$

Colocando os coeficientes em evidência:

$$\left(1+\left(\cos\frac{2\pi}{3}+i.\operatorname{sen}\frac{2\pi}{3}\right)\right)^n = \frac{1}{2}(2 - C_n^1 - C_n^2 + 2C_n^3 - C_n^4 - C_n^5 + 2C_n^6 - C_n^7 + \cdots) + \frac{\sqrt{3}}{2}(C_n^1 - C_n^2 + C_n^4 - C_n^5 + C_n^7 + \cdots)i$$

Agora resolvendo a expansão através da fórmula de De Moivre, calculando inicialmente o módulo do complexo:

$$r = \sqrt{\left(\frac{1}{2}\right)^2 + \left(\frac{\sqrt{3}}{2}\right)^2} = \sqrt{\frac{1}{4}+\frac{3}{4}} = 1$$

$$\left(1+\left(\cos\frac{2\pi}{3}+i.\operatorname{sen}\frac{2\pi}{3}\right)\right)^n = \left(1-\frac{1}{2}+\frac{\sqrt{3}}{2}.i\right)^n = \left(\frac{1}{2}+\frac{\sqrt{3}}{2}.i\right)^n$$

$$= \left(\cos\frac{\pi}{3}+i.\operatorname{sen}\frac{\pi}{3}\right)^n = \left(\cos\frac{n\pi}{3}+i.\operatorname{sen}\frac{n\pi}{3}\right)$$

Agora somando-se a igualdade abaixo (obtida pela parte imaginária da expansão binomial e da fórmula de De Moivre) com Teorema das Linhas de Pascal:

$$\frac{\sqrt{3}}{2}(C_n^1 - C_n^2 + C_n^4 - C_n^5 + C_n^7 + \cdots) = \operatorname{sen}\frac{n\pi}{3}$$

$$C_n^1 - C_n^2 + C_n^4 - C_n^5 + C_n^7 + \cdots = \frac{2\sqrt{3}.\operatorname{sen}\left(\frac{n\pi}{3}\right)}{3}$$

$$+$$

$$1 + C_n^1 + C_n^2 + C_n^3 + C_n^4 + C_n^5 + C_n^6 + C_n^7 + \cdots = 2^n$$

$$=$$

$$1 + 2C_n^1 + C_n^3 + 2C_n^4 + C_n^6 + 2C_n^7 + \cdots = \frac{2\sqrt{3}.\operatorname{sen}\left(\frac{n\pi}{3}\right)}{3} + 2^n$$

Que subtraindo esse resultado do item obtido anteriormente, tem-se:

$$1 + 2C_n^1 + C_n^3 + 2C_n^4 + C_n^6 + 2C_n^7 + \cdots = \frac{2\sqrt{3}.\operatorname{sen}\left(\frac{n\pi}{3}\right)}{3} + 2^n$$

$$-$$

$$1 + C_n^3 + C_n^6 + \cdots = \frac{2\cos\left(\frac{n\pi}{3}\right) + 2^n}{3}$$

$$=$$

$$2C_n^1 + 2C_n^4 + 2C_n^7 + \cdots = \frac{2\sqrt{3}.\operatorname{sen}\left(\frac{n\pi}{3}\right)}{3} + 2^n - \frac{2\cos\left(\frac{n\pi}{3}\right) + 2^n}{3}$$

E finalmente, fazendo alguns ajeitamentos algébricos, chega-se a:

$$C_n^1 + C_n^4 + C_n^7 + \cdots = \frac{\sqrt{3}.\operatorname{sen}\left(\frac{n\pi}{3}\right) - \cos\left(\frac{n\pi}{3}\right) - 2^n}{3} + 2^{n-1}$$

4.3 Figuras Regulares Planas Através De Raízes De Complexos

1. Figura obtida com a resolução de $\sqrt[3]{32}$

Solução:

A radiciação $\sqrt[5]{32}$ é equivalente a $x^5 = 32$. O número complexo 32 tem módulo $r = 32$ e argumento $\alpha = 2\pi$.

$$\sqrt[5]{32} = 2\left(\cos\left(\frac{2\pi + 2k\pi}{5}\right) + i.\operatorname{sen}\left(\frac{2\pi + 2k\pi}{5}\right)\right)$$

Logo suas raízes são

- $k = 0 \longrightarrow 2\left(\cos\left(\frac{2\pi}{5}\right) + i.\operatorname{sen}\left(\frac{2\pi}{5}\right)\right) = 2(0{,}309 + 0{,}951.i) = 0{,}618 + 1{,}902.i$
- $k = 1 \longrightarrow 2\left(\cos\left(\frac{4\pi}{5}\right) + i.\operatorname{sen}\left(\frac{4\pi}{5}\right)\right) = 2(-0{,}808 + 0{,}588.i) = -1{,}616 + 1{,}176.i$
- $k = 2 \longrightarrow 2\left(\cos\left(\frac{6\pi}{5}\right) + i.\operatorname{sen}\left(\frac{6\pi}{5}\right)\right) = 2(-0{,}808 - 0{,}588.i) = -1{,}616 - 1{,}176.i$
- $k = 3 \longrightarrow 2\left(\cos\left(\frac{8\pi}{5}\right) + i.\operatorname{sen}\left(\frac{8\pi}{5}\right)\right) = 2(0{,}309 - 0{,}951.i) = 0{,}618 - 1{,}902.i$
- $k = 4 \longrightarrow 2\left(\cos\left(\frac{10\pi}{5}\right) + i.\operatorname{sen}\left(\frac{10\pi}{5}\right)\right) = 2(1 + 0.i) = 2 + 0.i$

E na representação no plano de Argand-Gauss tem-se um pentágono inscrito em um círculo de raio igual a 2.

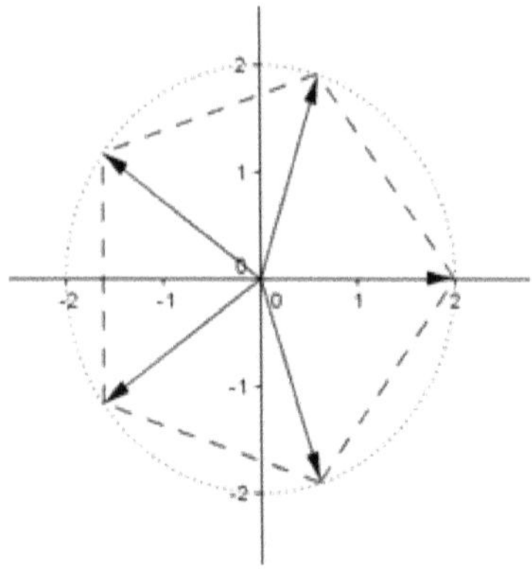

Figura 38 – Exercício 1 da aplicação 3.3

2. Figura obtida com a resolução de $\sqrt[10]{1024}$

Solução:

A radiciação $\sqrt[10]{1024}$ é equivalente a $x^{10} = 1024$. O número complexo 1024 tem módulo $r = 1024$ e argumento $\alpha = 2\pi$.

$$\sqrt[10]{1024} = 2\left(\cos\left(\frac{2\pi + 2k\pi}{5}\right) + i.\operatorname{sen}\left(\frac{2\pi + 2k\pi}{5}\right)\right)$$

Logo suas raízes são

- $k = 0 \longrightarrow 2\left(\cos\left(\frac{2\pi}{10}\right) + i.\operatorname{sen}\left(\frac{2\pi}{10}\right)\right) = 2(0{,}809 + 0{,}588.i) = 1{,}618 + 1{,}176.i$
- $k = 1 \longrightarrow 2\left(\cos\left(\frac{4\pi}{10}\right) + i.\operatorname{sen}\left(\frac{4\pi}{10}\right)\right) = 2(0{,}309 + 0{,}951.i) = 0{,}618 + 1{,}902.i$
- $k = 2 \longrightarrow 2\left(\cos\left(\frac{6\pi}{10}\right) + i.\operatorname{sen}\left(\frac{6\pi}{10}\right)\right) = 2(-0{,}309 + 0{,}951.i) = -0{,}618 + 1{,}902.i$
- $k = 3 \longrightarrow 2\left(\cos\left(\frac{8\pi}{10}\right) + i.\operatorname{sen}\left(\frac{8\pi}{10}\right)\right) = 2(-0{,}809 + 0{,}588.i) = -1{,}618 + 1{,}176.i$
- $k = 4 \longrightarrow 2\left(\cos\left(\frac{10\pi}{10}\right) + i.\operatorname{sen}\left(\frac{10\pi}{10}\right)\right) = 2(-1 + 0.i) = -2 + 0.i$

- $k = 5 \longrightarrow 2\left(\cos\left(\frac{12\pi}{10}\right) + i.\text{sen}\left(\frac{12\pi}{10}\right)\right) = 2(-0{,}809 - 0{,}588.i) = -1{,}618 - 1{,}176.i$
- $k = 6 \longrightarrow 2\left(\cos\left(\frac{14\pi}{10}\right) + i.\text{sen}\left(\frac{14\pi}{10}\right)\right) = 2(-0{,}309 - 0{,}951.i) = -0{,}618 - 1{,}902.i$
- $k = 7 \longrightarrow 2\left(\cos\left(\frac{16\pi}{10}\right) + i.\text{sen}\left(\frac{16\pi}{10}\right)\right) = 2(0{,}309 - 0{,}951.i) = 0{,}618 - 1{,}902.i$
- $k = 8 \longrightarrow 2\left(\cos\left(\frac{18\pi}{10}\right) + i.\text{sen}\left(\frac{18\pi}{10}\right)\right) = 2(0{,}809 - 0{,}588.i) = 1{,}618 - 1{,}176.i$
- $k = 9 \longrightarrow 2\left(\cos\left(\frac{20\pi}{10}\right) + i.\text{sen}\left(\frac{20\pi}{10}\right)\right) = 2(1 + 0.i) = 2 + 0.i$

E na representação no plano de Argand-Gauss tem-se um pentágono inscrito em um círculo de raio igual a 2.

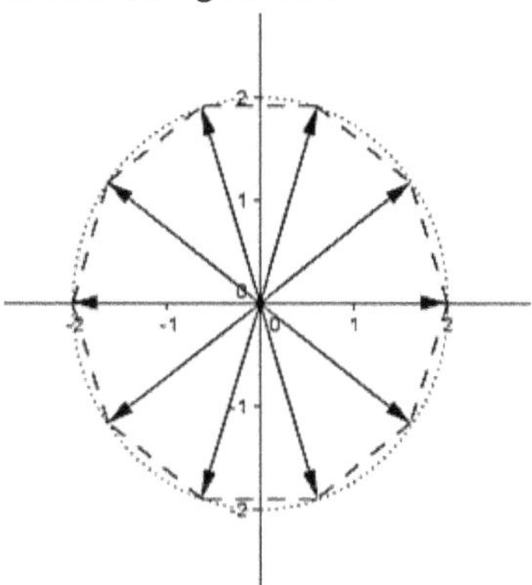

Figura 39 - Exercício 2 da aplicação 3.3

4.4.1 Lugares Geométricos - Mediatriz

1. Figura obtida pela equação $|z - 3| = |z - 2i|$.

Solução:

Fazendo $z = x + yi$ e efetuando alguns cálculos simples

$$|x + yi - 3| = |x + yi - 2i|$$

$$\sqrt{(x-3)^2 + y^2} = \sqrt{x^2 + (y-2)^2}$$

$$(x-3)^2+y^2=x^2+(y-2)^2$$

$$x^2-6x+9+y^2=x^2+y^2-4y+4$$

$$-6x+9=-4y+4$$

finalmente tem-se a mediatriz

$$y=\frac{6x-5}{4}$$

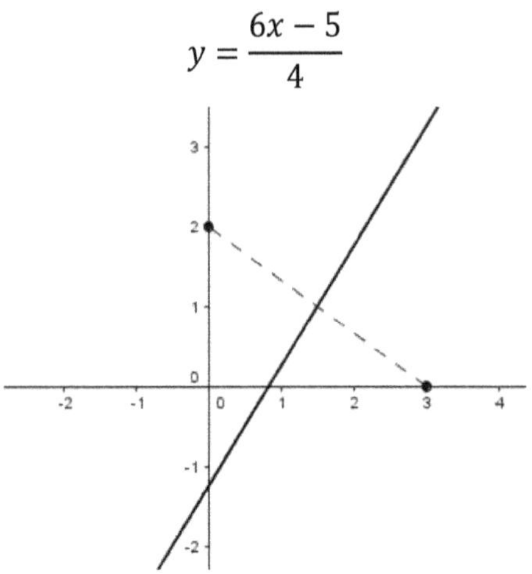

Figura 40 - Exercício 1 da aplicação 3.4.1

2. Figura obtida pela equação $|z-1-2i|=|z+2+2i|$.

Solução:

Fazendo $z=x+yi$ e efetuando novamente alguns cálculos simples

$$\sqrt{(x-1)^2+(y-2)^2}=\sqrt{(x+2)^2+(y+2)^2}$$

$$(x-1)^2+(y-2)^2=(x+2)^2+(y+2)^2$$

$$x^2-2x+1+y^2-4y+4=x^2+4x+4+y^2+4y+4$$

Tem-se então a mediatriz

$$y=-\frac{6x+3}{8}$$

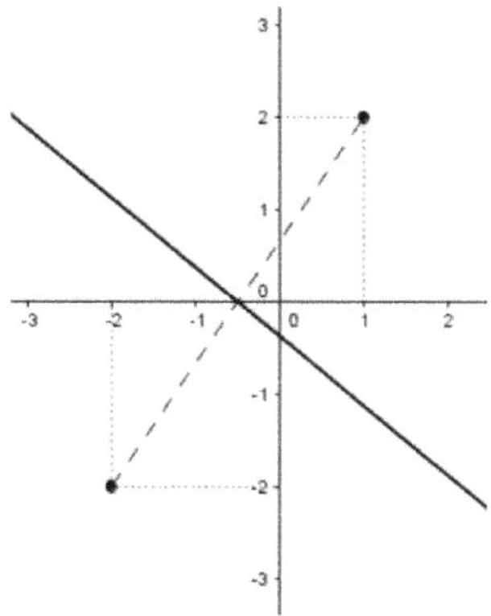

Figura 41 - Exercício 2 da aplicação 3.4.1

4.4.2 Lugares Geométricos - Circunferência

1. Figura obtida pela equação $|z - 2i| = 1$.

Solução:

Fazendo $z = x + yi$ e efetuando alguns cálculos simples

$$|z - 2i| = 1$$

$$|x + yi - 2i| = 1$$

$$\sqrt{x^2 + (y - 2)^2} = 1$$

obtém-se finalmente a circunferência

$$x^2 + (y - 2)^2 = 1$$

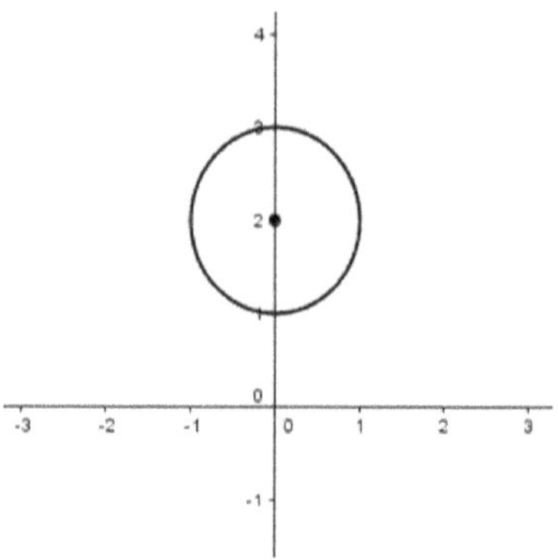

Figura 42 - Exercício 1 da aplicação 3.4.2

2. Figura obtida pela equação $|z - 1 - 2i| = 2$.

Solução:

Fazendo $z = x + yi$ e efetuando novamente alguns cálculos simples

$$|z - 1 - 2i| = 2$$

$$|x + yi - 1 - 2i| = 2$$

$$\sqrt{(x-1)^2 + (y-2)^2} = 2$$

finalmente obtém-se a circunferência

$$(x-1)^2 + (y-2)^2 = 4$$

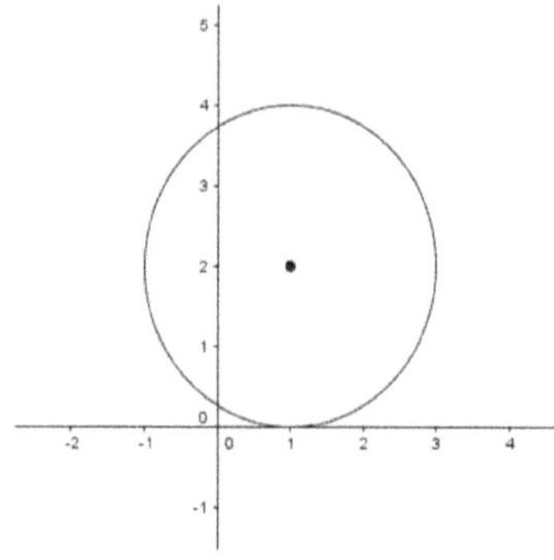

Figura 43 - Exercício 2 da aplicação 3.4.2

4.4.3 Lugares Geométricos - Elipse

1. Figura obtida pela equação $|z-1|+|z+1|=4$.

Solução:

Fazendo $z=x+yi$ e efetuando novamente alguns cálculos simples

$$|x+yi-1|+|x+yi+1|=4$$

$$\sqrt{(x+1)^2+y^2}=\ 4-\sqrt{(x-1)^2+y^2}$$

$$(x+1)^2+y^2=16-8\sqrt{(x-1)^2+y^2}+(x-1)^2+y^2$$

$$x^2+2x+1+y^2=16-8\sqrt{(x-1)^2+y^2}+x^2-2x+1+y^2$$

simplificando os termos iguais e dividindo ambos os membros por 8

$$2x=16-8\sqrt{(x-1)^2+y^2}-2x$$

$$4x=16-8\sqrt{(x-1)^2+y^2}$$

$$2\sqrt{(x-1)^2+y^2}=4-x$$

elevando novamente os membros ao quadrado

$$4((x-1)^2+y^2)=(4-x)^2$$

$$4(x^2-2x+1+y^2)=16-8x+x^2$$

$$4x^2-8x+4+4y^2=16-8x+x^2$$

$$3x^2+4y^2=12$$

que dividindo ambos os membros por 12

$$\frac{3x^2}{12}+\frac{4y^2}{12}=\frac{12}{12}$$

$$\frac{x^2}{4}+\frac{y^2}{3}=1$$

mais precisamente

$$\frac{x^2}{2^2}+\frac{y^2}{\left(\sqrt{3}\right)^2}=1$$

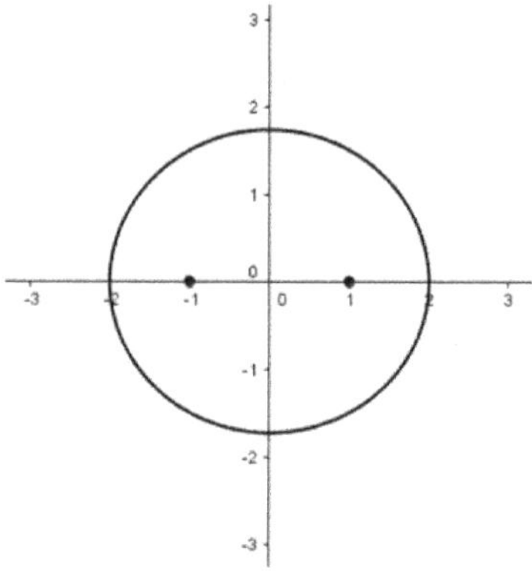

Figura 44 - Exercício 1 da aplicação 3.4.3

2. Figura obtida pela equação $|z+2i|+|z-2i|=6$.

Solução:

Fazendo $z=x+yi$ e efetuando novamente alguns cálculos simples

$$|x+yi+2i|+|x+yi-2i|=6$$

$$\sqrt{x^2+(y+2)^2}+\sqrt{x^2+(y-2)^2}=6$$

$$\sqrt{x^2+(y+2)^2}=6-\sqrt{x^2+(y-2)^2}$$

$$x^2+(y+2)^2=36-12\sqrt{x^2+(y-2)^2}+x^2+(y-2)^2$$

$$x^2+y^2+4y+4=36-12\sqrt{x^2+(y-2)^2}+x^2+y^2-4y+4$$

simplificando os termos iguais e dividindo ambos os membros por 4

$$2y-9=3\sqrt{x^2+(y-2)^2}$$

elevando novamente os membros ao quadrado

$$(2y-9)^2=9(x^2+(y-2)^2)$$

$$4y^2-36y+81=9x^2+9y^2-36y+36$$

$$5y^2+9x^2=45$$

$$\frac{5y^2}{45}+\frac{9x^2}{45}=\frac{45}{45}$$

finalmente obtém-se a equação da elipse

$$\frac{y^2}{9}+\frac{x^2}{5}=1$$

mais precisamente

$$\frac{y^2}{3^2}+\frac{x^2}{\left(\sqrt{5}\right)^2}=1$$

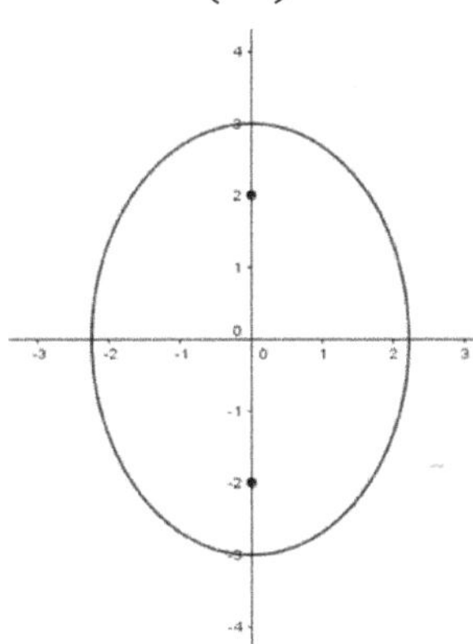

Figura 45 - Exercício 2 da aplicação 3.4.3

4.4.4 Lugares Geométricos - Hipérbole

1. Figura obtida pela equação $|z+3|-|z-3|=4$.

Solução:

Fazendo $z=x+yi$ e efetuando novamente alguns cálculos simples

$$|x+yi+3|-|x+yi-3|=4$$

$$\sqrt{(x+3)^2+y^2}-\sqrt{(x-3)^2+y^2}=4$$

$$\sqrt{(x+3)^2+y^2}=4+\sqrt{(x-3)^2+y^2}$$

$$(x+3)^2+y^2=16+8\sqrt{(x-3)^2+y^2}+(x-3)^2+y^2$$

$$x^2 + 6x + 9 + y^2 = 16 + 8\sqrt{(x-3)^2 + y^2} + x^2 - 6x + 9 + y^2$$

simplificando os termos iguais e dividindo ambos os membros por 4

$$3x - 4 = 2\sqrt{(x-3)^2 + y^2}$$

elevando novamente os membros ao quadrado

$$(3x-4)^2 = 4((x-3)^2 + y^2)$$

$$9x^2 - 24x + 16 = 4x^2 - 24x + 36 + 4y^2$$

$$5x^2 - 4y^2 = 20$$

$$\frac{5x^2}{20} - \frac{4y^2}{20} = \frac{20}{20}$$

finalmente obtém-se a equação da hipérbole

$$\frac{x^2}{4} - \frac{y^2}{5} = 1$$

mais precisamente

$$\frac{x^2}{2^2} - \frac{y^2}{\left(\sqrt{5}\right)^2} = 1$$

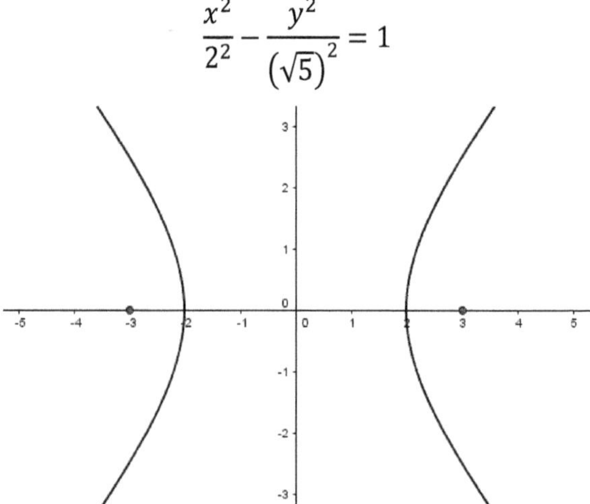

Figura 46 - Exercício 1 da aplicação 3.4.4

2. Figura obtida pela equação $|z-2i|-|z+2i|=1$.

Solução:

Fazendo $z=x+yi$ e efetuando novamente alguns cálculos simples

$$|x+yi-2i|-|x+yi+2i|=1$$

$$\sqrt{x^2+(y-2)^2}-\sqrt{x^2+(y+2)^2}=1$$

$$\sqrt{x^2+(y-2)^2}=1+\sqrt{x^2+(y+2)^2}$$

$$x^2+(y-2)^2=1+2\sqrt{x^2+(y+2)^2}+x^2+(y+2)^2$$

$$x^2+y^2-4y+4=1+2\sqrt{x^2+(y+2)^2}+x^2+y^2+4y+4$$

simplificando os termos iguais

$$-4y=1+2\sqrt{x^2+(y+2)^2}+4y$$

$$-8y-1=2\sqrt{x^2+(y+2)^2}$$

elevando novamente os membros ao quadrado

$$(-8y-1)^2=4(x^2+(y+2)^2)$$

$$64y^2+16y+1=4x^2+4y^2+16y+16$$

$$60y^2-4x^2=15$$

$$\frac{60y^2}{15}-\frac{4x^2}{15}=\frac{15}{15}$$

$$4y^2-\frac{4x^2}{15}=1$$

finalmente obtém-se a equação da hipérbole

$$\frac{y^2}{\frac{1}{4}}-\frac{x^2}{\frac{15}{4}}=1$$

mais precisamente

$$\frac{y^2}{\left(\frac{1}{2}\right)^2}-\frac{x^2}{\left(\frac{\sqrt{15}}{2}\right)^2}=1$$

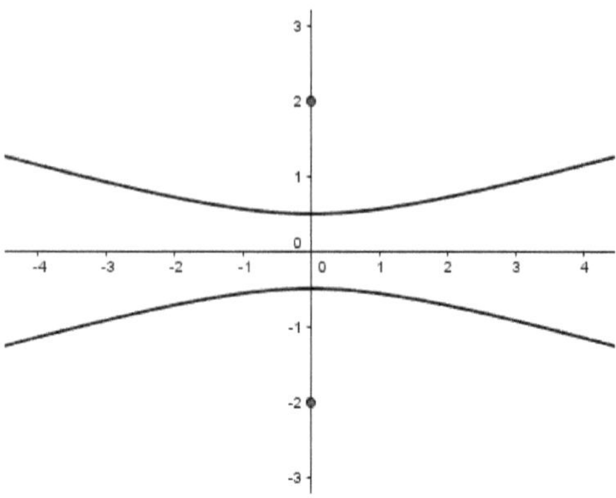

Figura 47 - Exercício 2 da aplicação 3.4.4

4.4.5 Lugares Geométricos - Parábola

1. Figura obtida pela equação $|z-2| = |\text{Re}\{z\}+2|$.

Solução:

Fazendo $z = x + yi$ e efetuando novamente alguns cálculos simples

$$|x + yi - 2| = |\text{Re}\{x + yi\} + 2|$$

$$\sqrt{(x-2)^2 + y^2} = \sqrt{(x+2)^2}$$

$$(x-2)^2 + y^2 = (x+2)^2$$

$$x^2 - 4x + 4 + y^2 = x^2 + 4x + 4$$

simplificando os termos iguais, obtém-se a equação da parábola

$$y^2 = 8x$$

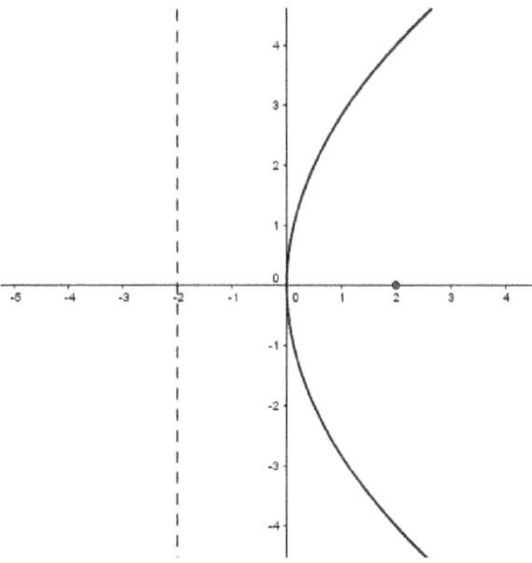

Figura 48 - Exercício 1 da aplicação 3.4.5

2. Figura obtida pela equação $|z - 1i| = |\mathrm{Im}\{z\} + 1i|$.

Solução:

Fazendo $z = x + yi$ e efetuando novamente alguns cálculos simples

$$|z - 1i| = |\mathrm{Im}\{z\} + 1i|$$

$$|x + yi - 1i| = |\mathrm{Im}\{x + yi\} + 1i|$$

$$\sqrt{x^2 + (y-1)^2} = \sqrt{(y+1)^2}$$

$$x^2 + (y-1)^2 = (y+1)^2$$

$$x^2 + y^2 - 2y + 1 = y^2 + 2y + 1$$

simplificando os termos iguais, obtém-se a equação da parábola

$$x^2 = 4y$$

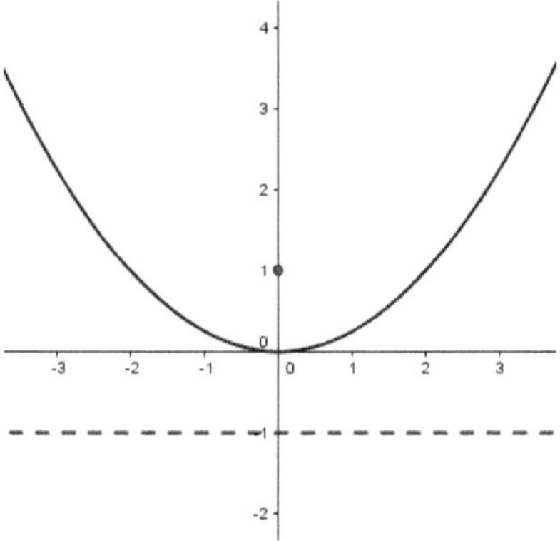

Figura 49 - Exercício 2 da aplicação 3.4.5

4.5.1 Rotações De Vetores - Construção A Partir De Uma Aresta

1. Determinar as coordenas do quadrado que tem os vértices $A(1,-4)$ e $B(3,-8)$.

Solução:

Tomando por base a Figura 29 e os vértices $A(1,-4)$ e $B(6,8)$ em posse desses dados, há de determinar o vértice D. Lembrando que a equação que determina a rotação é dada por

$$\overrightarrow{AD} = \overrightarrow{AB}\left(\cos\left(\frac{\pi}{2}\right) + i.\operatorname{sen}\left(\frac{\pi}{2}\right)\right)$$

obtém-se, com as substituições $\overrightarrow{AD} = D - A$ e $\overrightarrow{AB} = B - A$

$$\begin{aligned} D - A &= (B - A)\left(\cos\left(\frac{\pi}{2}\right) + i.\operatorname{sen}\left(\frac{\pi}{2}\right)\right) \\ &= (B - A)(0 + 1i) \\ &= Bi - Ai \end{aligned}$$

ou simplesmente,

$$D = Bi - Ai + A$$

Como $A = (1, -4) = 1 - 4i$ e $B = (3, -8) = 3 - 8i$, e feita a substituição

$$\begin{aligned} D &= (3 - 8i)i - (1 - 4i)i + 1 - 4i \\ &= (3 - 8i^2) - (i - 4i^2) + 1 - 4i \\ &= (3i + 8) - (i + 4) + 1 - 4i \\ &= 8 - 4 + 1 + 3i - i - 4i \\ &= 5 - 2i, \end{aligned}$$

logo a coordenada pretendida é $D(5, -2)$. Para determinar coordenadas de C fazendo $\overrightarrow{AB} = \overrightarrow{DC}$. Então, se $C = B - A + D$. logo tem-se $C = (3 - 8i) - (1 - 4i) + (5 - 2i) = 7 - 6i$.

Para o cálculo das coordenadas dos pontos C' e D', é utilizado o fato de $A = \frac{D+D'}{2}$ e $B = \frac{C+C'}{2}$, portanto $D = -3 - 6i$ e $C = -1 - 10i$

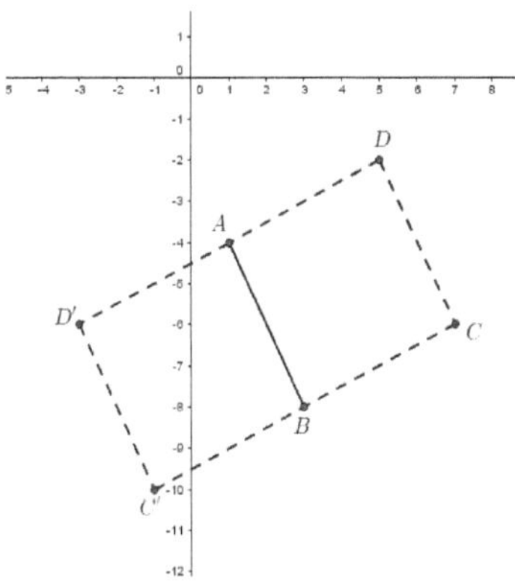

Figura 50 - Exercício 1 da aplicação 3.5.1

2. Determinar as coordenas dos losangos cujo ângulo maior é 60° e que possuem os vértices $A(1,3)$ e $B(2,4)$

Solução:

Tomando por base os vértices $A(1,3)$ e $B(2,4)$em posse desses dados, há de determinar o vértice D. Lembrando que a equação que determina a rotação de 60° $\left(\frac{\pi}{3}\ rad\right)$ é dada por

$$\overrightarrow{AD} = \overrightarrow{AB}\left(\cos\left(\frac{\pi}{3}\right) + i.\operatorname{sen}\left(\frac{\pi}{3}\right)\right)$$

obtém-se, com as substituições $\overrightarrow{AD} = D - A$ e $\overrightarrow{AB} = B - A$

$$D - A = (B - A)\left(\cos\left(\frac{\pi}{3}\right) + i.\operatorname{sen}\left(\frac{\pi}{3}\right)\right)$$

$$= (B - A)\left(\frac{1}{2} + \frac{\sqrt{3}}{2}i\right)$$

$$= \frac{1}{2}B - \frac{1}{2}A + \frac{\sqrt{3}}{2}Bi - \frac{\sqrt{3}}{2}Ai$$

ou simplesmente,

$$D = \frac{1}{2}B - \frac{1}{2}A + \frac{\sqrt{3}}{2}Bi - \frac{\sqrt{3}}{2}Ai + A$$

Como $A = (1,3) = 1 + 3i$ e $B = (2,4) = 2 + 4i$, é feita a substituição

$$D = \frac{1}{2}(2 + 4i) - \frac{1}{2}(1 + 3i) + \frac{\sqrt{3}}{2}i(2 + 4i) - \frac{\sqrt{3}}{2}i(1 + 3i) + (1 + 3i)$$

$$= 1 + 2i - \frac{1}{2} - \frac{3}{2}i + \sqrt{3}i + 2\sqrt{3}i^2 - \frac{\sqrt{3}}{2}i - \frac{3\sqrt{3}}{2}i^2 + 1 + 3i$$

$$= 1 - \frac{1}{2} - 2\sqrt{3} + \frac{3\sqrt{3}}{2} + 1 + 2i - \frac{3}{2}i + \sqrt{3}i - \frac{\sqrt{3}}{2}i + 3i$$

$$= \left(1 - \frac{1}{2} - 2\sqrt{3} + \frac{3\sqrt{3}}{2} + 1\right) + \left(2 - \frac{3}{2} + \sqrt{3} - \frac{\sqrt{3}}{2} + 3\right)i$$

$$= \left(\frac{2-1-4\sqrt{3}+3\sqrt{3}+2}{2}\right) + \left(\frac{4-3+2\sqrt{3}-\sqrt{3}+6}{2}\right)i$$

$$= \frac{3-\sqrt{3}}{2} + \frac{7+\sqrt{3}}{2}i$$

logo a coordenada pretendida é $D\left(\frac{3-\sqrt{3}}{2}, \frac{7+\sqrt{3}}{2}\right)$. Para determinar coordenadas de C fazendo $\overrightarrow{AB} = \overrightarrow{DC}$. Então, se $C = B - A + D$. logo tem-se $C = (2+4i) - (1+3i) + \left(\frac{3-\sqrt{3}}{2} + \frac{7+\sqrt{3}}{2}i\right) = \frac{5-\sqrt{3}}{2} + \frac{9+\sqrt{3}}{2}i$.
Para o cálculo das coordenadas dos pontos C' e D', é utilizado o fato de $\overrightarrow{AD'}$ ser igual ao vetor $\overrightarrow{AB}$ rotacionado de -60° $\left(\frac{5\pi}{3}\ rad\right)$ é dada por

$$\overrightarrow{AD} = \overrightarrow{AB}\left(\cos\left(\frac{5\pi}{3}\right) + i.\text{sen}\left(\frac{5\pi}{3}\right)\right)$$

obtém-se, com as substituições $\overrightarrow{AD} = D - A$ e $\overrightarrow{AB} = B - A$

$$\begin{aligned} D - A &= (B - A)\left(\cos\left(\frac{5\pi}{3}\right) + i.\text{sen}\left(\frac{5\pi}{3}\right)\right) \\ &= (B - A)\left(\frac{1}{2} - \frac{\sqrt{3}}{2}i\right) \\ &= \frac{1}{2}B - \frac{1}{2}A - \frac{\sqrt{3}}{2}Bi + \frac{\sqrt{3}}{2}Ai \end{aligned}$$

ou simplesmente,

$$D = \frac{1}{2}B - \frac{1}{2}A - \frac{\sqrt{3}}{2}Bi + \frac{\sqrt{3}}{2}Ai + A$$

Como $A = (1,3) = 1 + 3i$ e $B = (2,4) = 2 + 4i$, é feita a substituição

$$\begin{aligned} D &= \tfrac{1}{2}(2+4i) - \tfrac{1}{2}(1+3i) - \tfrac{\sqrt{3}}{2}i(2+4i) + \tfrac{\sqrt{3}}{2}i(1+3i) + (1+3i) \\ &= 1 + 2i - \tfrac{1}{2} - \tfrac{3}{2}i - \sqrt{3}i - 2\sqrt{3}i^2 + \tfrac{\sqrt{3}}{2}i + \tfrac{3\sqrt{3}}{2}i^2 + 1 + 3i \\ &= 1 - \tfrac{1}{2} + 2\sqrt{3} - \tfrac{3\sqrt{3}}{2} + 1 + 2i - \tfrac{3}{2}i - \sqrt{3}i + \tfrac{\sqrt{3}}{2}i + 3i \\ &= \left(1 - \tfrac{1}{2} + 2\sqrt{3} - \tfrac{3\sqrt{3}}{2} + 1\right) + \left(2 - \tfrac{3}{2} - \sqrt{3} + \tfrac{\sqrt{3}}{2} + 3\right)i \\ &= \left(\tfrac{2-1+4\sqrt{3}-3\sqrt{3}+2}{2}\right) + \left(\tfrac{4-3-2\sqrt{3}+\sqrt{3}+6}{2}\right)i \end{aligned}$$

$= \frac{3+\sqrt{3}}{2} + \frac{7-\sqrt{3}}{2}i$

logo a coordenada pretendida é $D\left(\frac{3+\sqrt{3}}{2}, \frac{7-\sqrt{3}}{2}\right)$. Para determinar coordenadas de C fazendo $\overrightarrow{AB} = \overrightarrow{DC}$. Então, se $C = B - A + D$. logo tem-se $C = (2+4i) - (1+3i) + \left(\frac{3+\sqrt{3}}{2} + \frac{7-\sqrt{3}}{2}i\right) = \frac{5+\sqrt{3}}{2} + \frac{9-\sqrt{3}}{2}i$.

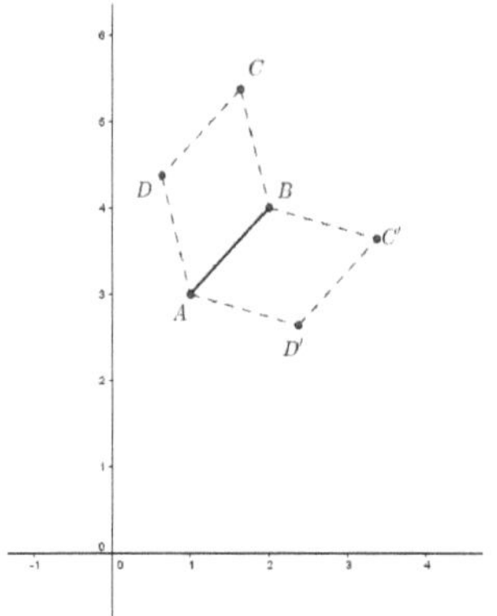

Figura 51 - Exercício 2 da aplicação 3.5.1

4.5.2 Rotações De Vetores - Construção A Partir De Uma Diagonal

1. Determinar as coordenas do quadrado cuja diagonal tem como vértices os pontos $A(1,-4)$ e $C(6,-8)$.

Solução:

Cabe lembrar da necessidade de dividir o módulo de $\overrightarrow{AC}$ por $\sqrt{2}$ e fazer uma rotação de 90° $\left(\frac{\pi}{2}\ rad\right)$, logo o vetor $\overrightarrow{AD} = \overrightarrow{AC}.\frac{1}{\sqrt{2}}\left(\cos\frac{\pi}{4} + i.\operatorname{sen}\frac{\pi}{4}\right)$

$$D - A = \frac{1}{\sqrt{2}}(C - A)\left(\cos\frac{\pi}{4} + i.\operatorname{sen}\frac{\pi}{4}\right)$$

$$D - A = \frac{1}{\sqrt{2}}(C - A)\left(\frac{\sqrt{2}}{2} + \frac{\sqrt{2}}{2}.i\right)$$

$$D - A = \left(\frac{C}{2} - \frac{A}{2}\right) + \left(\frac{C}{2} - \frac{A}{2}\right)i\,.$$

Substituindo as coordenadas de $A = 1 - 4i$ e $C = 6 - 8i$ tem-se

$$D = \left(\frac{6 - 8i}{2} - \frac{1 - 4i}{2}\right) + \left(\frac{6 - 8i}{2} - \frac{1 - 4i}{2}\right)i + 1 - 4i$$

$$= \left(\frac{5 - 4i}{2}\right) + \left(\frac{5 - 4i}{2}\right)i + 1 - 4i$$

$$= \frac{5 - 4i}{2} + \frac{4 + 5i}{2} + 1 - 4i$$

$$= \frac{9 + i}{2} + 1 - 4i$$

$$= \frac{11}{2} - \frac{7}{2}i$$

Para encontrar a coordenada de B, é utilizado o fato de $\overrightarrow{AB} = \overrightarrow{DC}$ e após alguns cálculos simples obtém-se $B = \mathrm{C} - \mathrm{D} + \mathrm{A} = (6 - 8i) - \left(\frac{11}{2} - \frac{7}{2}i\right) + (1 - 4i) = \frac{3}{2} - \frac{17}{2}i.$

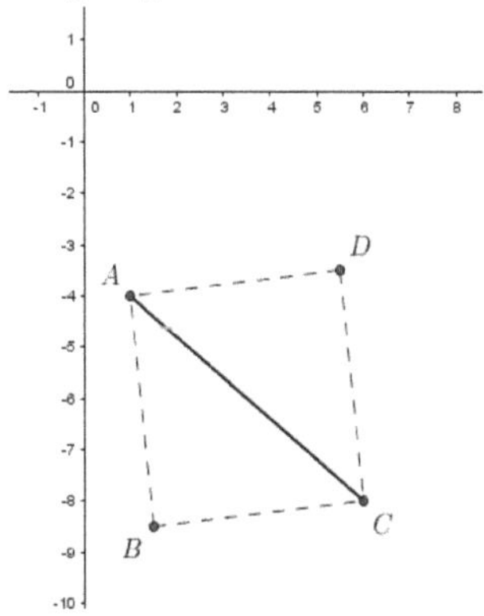

Figura 52 - Exercício 1 da aplicação 3.5.2

2. Determinar as coordenas dos retângulos cuja diagonal tem como vértices os pontos $A(1,3)$ e C(5,6) e o lado menor seja igual à metade do tamanho dessa diagonal

Solução:

Note o fato da necessidade de dividir o módulo de $\overrightarrow{AC}$ por 2 e fazer uma rotação de 60° $\left(\frac{\pi}{3}\ rad\right)$, logo, $\overrightarrow{AD} = \overrightarrow{AC}.\frac{1}{2}\left(\cos\frac{\pi}{3} + i.\operatorname{sen}\frac{\pi}{3}\right)$

$$D - A = \frac{1}{2}(C - A)\left(\cos\frac{\pi}{3} + i.\operatorname{sen}\frac{\pi}{3}\right)$$

$$D - A = \frac{1}{2}(C - A)\left(\frac{1}{2} + \frac{\sqrt{3}}{2}.i\right)$$

$$D - A = \left(\frac{C}{4} - \frac{A}{4}\right) + \left(\frac{\sqrt{3}C}{4} - \frac{\sqrt{3}A}{4}\right)i.$$

$$D = \left(\frac{C}{4} - \frac{A}{4}\right) + \left(\frac{\sqrt{3}C}{4} - \frac{\sqrt{3}A}{4}\right)i + A\,.$$

Substituindo as coordenadas de $A = 1 + 3i$ e $C = 5 + 6i$ tem-se

$$D = \left(\frac{5 + 6i}{4} - \frac{1 + 3i}{4}\right) + \left(\frac{\sqrt{3}(5 + 6i)}{4} - \frac{\sqrt{3}(1 + 3i)}{4}\right)i + 1 + 3i$$

$$= \left(\frac{5 + 6i}{4} - \frac{1 + 3i}{4}\right) + \left(\frac{5\sqrt{3} + 6\sqrt{3}i}{4} - \frac{\sqrt{3} + 3\sqrt{3}i}{4}\right)i + 1 + 3i$$

$$= \left(\frac{4 + 3i}{4}\right) + \left(\frac{4\sqrt{3} + 3\sqrt{3}i}{4}\right)i + 1 + 3i$$

$$= \frac{4 + 3i + 4\sqrt{3}i - 3\sqrt{3} + 4 + 12i}{4}$$

$$= \frac{8 - 3\sqrt{3}}{4} + \frac{15 + 4\sqrt{3}}{4}i$$

Para encontrar a coordenada de B, também é utilizado o fato de $\overrightarrow{AB} = \overrightarrow{DC}$ e após alguns cálculos simples é obtido $B = \mathrm{C} - \mathrm{D} + \mathrm{A} = (5+6i) - \left(\frac{8-3\sqrt{3}}{4} + \frac{15+4\sqrt{3}}{4}i\right) + (1+3i) = \frac{16+3\sqrt{3}}{4} + \frac{21-4\sqrt{3}}{4}i.$

O cálculo dos vértices B' e D' é realizado de modo análogo aos cálculos dos vértices B e D, tendo de dividir o módulo de $\overrightarrow{AC}$ por 2 e, porém, fazer uma rotação de -60° $\left(\frac{5\pi}{3}\, rad\right)$, logo, $\overrightarrow{AD'} = \overrightarrow{AC}.\frac{1}{2}\left(\cos\frac{5\pi}{3} + i.\operatorname{sen}\frac{5\pi}{3}\right)$

$$D' - A = \frac{1}{2}(C - A)\left(\cos\frac{5\pi}{3} + i.\operatorname{sen}\frac{5\pi}{3}\right)$$

$$D' - A = \frac{1}{2}(C - A)\left(\frac{1}{2} - \frac{\sqrt{3}}{2}.i\right)$$

$$D' - A = \left(\frac{C}{4} - \frac{A}{4}\right) + \left(-\frac{\sqrt{3}C}{4} + \frac{\sqrt{3}A}{4}\right)i.$$

$$D' = \left(\frac{C}{4} - \frac{A}{4}\right) + \left(-\frac{\sqrt{3}C}{4} + \frac{\sqrt{3}A}{4}\right)i + A\,.$$

Substituindo as coordenadas de $A = 1 + 3i$ e $C = 5 + 6i$ tem-se

$$D' = \left(\frac{5+6i}{4} - \frac{1+3i}{4}\right) + \left(-\frac{\sqrt{3}(5+6i)}{4} + \frac{\sqrt{3}(1+3i)}{4}\right)i + 1 + 3i$$

$$= \left(\frac{5+6i}{4} - \frac{1+3i}{4}\right) + \left(-\frac{5\sqrt{3}+6\sqrt{3}i}{4} + \frac{\sqrt{3}+3\sqrt{3}i}{4}\right)i + 1 + 3i$$

$$= \left(\frac{4+3i}{4}\right) + \left(\frac{-4\sqrt{3}-3\sqrt{3}i}{4}\right)i + 1 + 3i$$

$$= \frac{4+3i-4\sqrt{3}i+3\sqrt{3}+4+12i}{4}$$

$$= \frac{8+3\sqrt{3}}{4} + \frac{15-4\sqrt{3}}{4}i$$

Para encontrar a coordenada de B, também é utilizado o fato de $\overrightarrow{AB'} = \overrightarrow{D'C}$ e após alguns cálculos simples é obtido $B = \mathrm{C} - \mathrm{D} + \mathrm{A} = (5+6i) - \left(\frac{8+3\sqrt{3}}{4} + \frac{15-4\sqrt{3}}{4}i\right) + (1+3i) = \frac{16-3\sqrt{3}}{4} + \frac{21+4\sqrt{3}}{4}i$

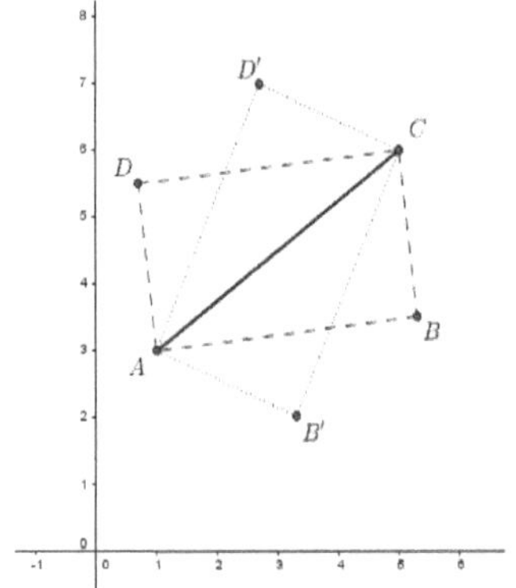

Figura 53 - Exercício 2 da aplicação 3.5.2

4.5.3 Rotações De Vetores - Construção A Partir De Um Vértice E O Circuncentro

1. Encontre todos os vértices do hexágono regular $ABCDEF$, sabendo que seu vértice A corresponde à coordenada $(4,-2)$ e tem o ponto $O(2,2)$ como circuncentro.

Solução:

Pode ser observado que cada vértice desse hexágono pode ser formado pela rotação de 60° $\left(\frac{\pi}{3}\, rad\right)$ no sentido anti-horário do vetor que deu origem ao vértice anterior. Inicialmente, o vetor $\overrightarrow{OB}$ pode ser obtido pela rotação de 60° $\left(\frac{\pi}{3}\, rad\right)$ do vetor $\overrightarrow{OA}$, logo, $\overrightarrow{OB} = \overrightarrow{OA}\left(\cos\frac{\pi}{3} + i.\operatorname{sen}\frac{\pi}{3}\right)$

$$\overrightarrow{OB} = (A - O)\left(\cos\frac{\pi}{3} + i.\,\text{sen}\frac{\pi}{3}\right)$$

$$B - O = (A - O)\left(\frac{1}{2} + \frac{\sqrt{3}}{2}.\,i\right)$$

$$B - O = (A - O)\left(\frac{1}{2} + \frac{\sqrt{3}}{2}.\,i\right)$$

substituindo os valores de $O = 2 + 2i$ e $A = 4 - 2i$, tem-se

$$B = \big(4 - 2i - (2 + 2i)\big)\left(\frac{1}{2} + \frac{\sqrt{3}}{2}.\,i\right) + 2 + 2i$$

$$B = (2 - 4i)\left(\frac{1}{2} + \frac{\sqrt{3}}{2}.\,i\right) + 2 + 2i$$

$$B = 1 + \sqrt{3}i - 2i + 2\sqrt{3} + 2 + 2i$$

$$B = \left(3 + 2\sqrt{3}\right) + \sqrt{3}i$$

Procedendo de modo análogo, são obtidos os vértices

$$C = \left(1 + 2\sqrt{3}\right) + \left(4 + \sqrt{3}\right)i$$

$$D = 6i$$

$$E = \left(1 - 2\sqrt{3}\right) + \left(4 - \sqrt{3}\right)i$$

$$F = \left(3 - 2\sqrt{3}\right) - \sqrt{3}i$$

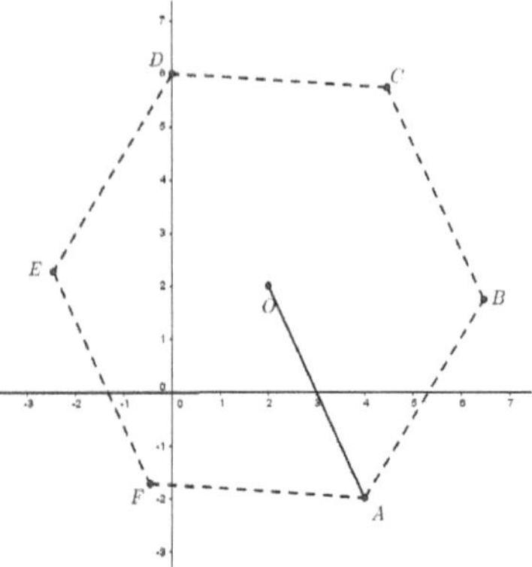

Figura 54 - Exercício 1 da aplicação 3.5.3

REFERÊNCIAS

ÁVILA, Geraldo. **Variáveis complexas e aplicações**. 3ª. ed. Rio de Janeiro - RJ: SBM, 2002.

BOYER, Carl B. **História da matemática**. 2ª. ed. [S.l.]: Editora Edgard Blücher, 2012.

BRASIL, Ministério da Educação. **Parâmetros Curriculares Nacionais Ensino Médio (PCNEM):** Orientações complementares aos parâmetros curriculares nacionais. Brasília: MEC/SEMT, 2006.

COURANTE, R.; ROBIN, H. **O que é matemática?** Rio de Janeiro: Editora Ciência, 2012.

EVES, Howard Whitley. **Introdução à história da matemática**. Tradução de Hygino H. DOMINGUES. Campinas - SP: Editora da UNICAMP, 2004.

GARBI, Gilberto. **O romance das equações algébricas**. 2ª. ed. São Paulo - SP: Livraria da Física, 2007.

IEZZI, Gelson. **Fundamentos da matemática elementar 6:** complexos, polinômios, equações. 6ª. ed. São Paulo - SP: Atual (Coleção fundamentos da matemática elementar), v. 6, 2013.

LIMA, Elon Lages *et al*. **A matemática do ensino médio**. 4ª. ed. Rio de Janeiro - RJ: SBM, v. 3, 2004.

LIMA, Elon Lages. **Meu professor de matemática e outras histórias**. 5ª. ed. Rio de Janeiro - RJ: SBM, 2012.

LIMA, Elon Lages. **Meu professor de matemática e outras histórias**. 5ª. ed. Rio de Janeiro: SBM, 2012.

MAOR, Eli. **e:** A historia de um número. Tradução de Jorge Calife. Rio de Janeiro – RJ: Editora Record, 2008.

ROQUE, Tatiana; CARVALHO, João Bosco Pitombeira. **Tópicos de história da matemática**. 1ª. ed. Rio de Janeiro - RJ: SBM, 2012.

SOARES, Márccio G. **Cálculo em uma variável complexa**. Rio de Janeiro: IMPA, 2009.

Lista de Figuras

www.ingramcontent.com/pod-product-compliance
Ingram Content Group UK Ltd.
Pitfield, Milton Keynes, MK11 3LW, UK
UKHW021956190726
13853UKWH00004B/1567